U0198856

用微课学·Illustrator CC
图形设计与制作

严磊 著

电子工业出版社·
Publishing House of Electronics Industry
北京·BEIJING

内 容 简 介

本书以传统吉祥纹样为内容，指导读者掌握 Illustrator CC 基本操作方法与操作技巧。

全书共分为 3 个部分，分别讲解动物类、自然类、字符类，总计 11 种传统纹样。每个案例通过【文化寓意】、【图案结构分析】、【图案设计与制作】、【小结】和【习题】对传统纹样进行详细分析与讲解，特别是在【图案设计与制作】部分，对每个制作步骤都有图文并茂的详细说明、微课视频、PPT。

本书注重传播性、实用性与操作性，可作为视觉传达设计、插图设计、数字媒体技术软件基础课程的教材，同时适合喜欢传统纹样的读者作为设计与制作的参考书。

图书在版编目（CIP）数据

用微课学：Illustrator CC图形设计与制作 / 严磊著. —北京：电子工业出版社，2024.5
ISBN 978-7-121-47904-5

Ⅰ. ①用… Ⅱ. ①严… Ⅲ. ①图形软件 Ⅳ. ①TP391.412

中国国家版本馆CIP数据核字（2024）第102252号

责任编辑：郑小燕
印　　刷：中国电影出版社印刷厂
装　　订：中国电影出版社印刷厂
出版发行：电子工业出版社
　　　　　北京市海淀区万寿路173信箱　　　邮编：100036
开　　本：880×1230　1/16　　印张：13.75　　字数：300千字
版　　次：2024年5月第1版
印　　次：2024年5月第1次印刷
定　　价：49.80元

凡所购买电子工业出版社图书有缺损问题，请向购买书店调换。若书店售缺，请与本社发行部联系，联系及邮购电话：（010）88254888，88258888。

质量投诉请发邮件至zlts@phei.com.cn，盗版侵权举报请发邮件至dbqq@phei.com.cn。

本书咨询联系方式：（010）88254550，zhengxy@phei.com.cn。

前言 PREFACE

图形艺术设计是一种视觉传达方式，它利用图形、图像和色彩等元素来传达信息、表达思想和展示美感。这种设计方式广泛应用于多个领域，包括广告、传媒、包装、品牌设计、UI 设计等。

图形艺术设计的核心在于创意和审美。传统纹样可以为图形艺术设计的创意与审美提供丰富的灵感和素材。中国传统纹样具有独特的造型和构图方式，以及深刻的吉祥文化寓意，这些纹样可以被设计师借鉴和运用，从而创造出具有独特美感和文化内涵的图形艺术设计作品。

编者撰写本书的初衷有两个：一是增加读者对传统纹样的兴趣，使读者深入理解传统纹样是历史和文化的重要载体，掌握传统纹样中的图形艺术规律，学习并理解其中所承载的丰富文化内涵和审美价值；二是引导读者掌握图形创意的现代设计方式，运用计算机辅助图形设计软件来创造独特的视觉效果。

因此，本书采用图文结合的展示方式，并结合大量的案例讲解实操步骤。本书按照中国传统纹样的表现形式进行章节划分，分为动物类、自然类和字符类，主要内容包括龙纹、饕餮纹、鲤鱼纹、松树纹、福寿纹等。本书在丰富的图案资料基础上进行创意设计，精选了经典的中国传统图案，在撰写过程中将独创性与 Illustrator CC 软件的实用技术相结合。

本书从视觉艺术设计的视角讲解传统图案，帮助读者掌握视觉设计方法，并为图形视觉艺术设计创作者提供参考。为了提升学习效率和教学效果，方便教师教学，本书配备了电子教案、素材文件等教学资源，有需要的读者可以登录华信教育资源网免费下载。

本书在编写过程中得到了北京印刷学院新媒体学院的杨虹教授、严晨教授、赵一飞副教授、付琳副教授的指导，在此深表谢意！

本书受到了北京印刷学院 2023 年校级项目"新媒体艺术与文化传播"（项目编号：21090323004）的资助，在此表示衷心感谢！

由于编者水平有限，书中难免存在疏漏，恳请广大读者批评指正。

目 录CONTENTS

第二章　自然类 …………………… 089

01

第一章　动物类

案例一　龙纹

一、文化寓意

龙纹是中国汉族的民族图腾（见图 1-1-1）。汉族人口众多，龙纹被延续为中国最古老的动物图案，并成为汉族的象征性标志。龙纹的形象在古代被视为帝王的象征，是权力、地位、财富、智慧的综合体现。龙纹在民间也被广泛应用。老百姓普遍认为它是美德与力量的代表，也是能够带来福瑞和安康的吉祥化身。

图 1-1-1　龙纹

二、图案结构分析

龙纹造型优美且具有威严感，一般有蘑菇状龙角，龙毛飘散，张口露齿，怒目圆睁，整体十分凶猛。龙纹线稿如图 1-1-2 所示。

图 1-1-2　龙纹线稿

龙头大致可分为嘴部（鼻子、舌、獠牙）、脸部（眼睛、耳朵、犄角、额）和毛发（触须、眉毛、胡须）。

三、图案设计与制作

1．案例描述

在制作龙纹时，主要使用【钢笔工具】、【镜像工具】和【渐变工具】等。在绘制过程中，需要注意线条的流畅性；在填充颜色过程中，使用渐变效果可使最终效果更有层次。

2．制作步骤

（1）新建文件。将画布尺寸设置为210mm×297mm，【颜色模式】设置为【RGB颜色】，【光栅效果】设置为【高（300ppi）】，单击【创建】按钮，如图1-1-3所示。

图1-1-3　新建文件

（2）置入龙纹草图（见图1-1-4），按 Ctrl ＋ Shift ＋ P 组合键弹出【置入】对话框，选择龙纹草图，单击【置入】按钮，置入龙纹草图，如图1-1-5所示。在画布上将龙纹草图调整至合适大小，按 Ctrl ＋ 2 组合键进行锁定，效果如图1-1-6所示。

图1-1-4　龙纹草图

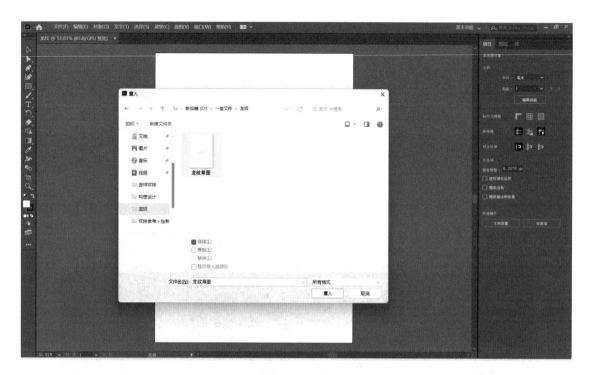

图 1-1-5　置入龙纹草图

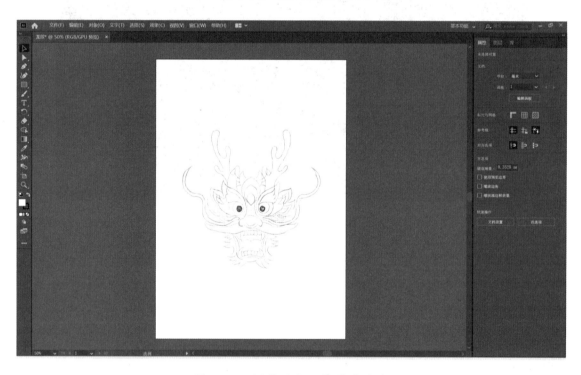

图 1-1-6　调整后龙纹草图的效果

（3）按住 Alt 键，同时向上滑动鼠标滚轮，以放大画布的显示比例；按住空格键，同时按住鼠标左键，将画布移动至合适的位置，如图 1-1-7 所示。

　用微课学·Illustrator CC 图形设计与制作

图 1-1-7　调整画布的大小和位置

（4）使用【钢笔工具】绘制线稿。首先绘制龙角部分，单击左侧工具栏中的【钢笔工具】按钮，在画布中单击确定一个起始点（见图 1-1-8），继续单击确定目标点。在目标点上按住鼠标左键，锚点两侧会出现两个调节手柄，拖动调节手柄即可看到路径随鼠标的走向变化。将路径调整至合适的曲度（见图 1-1-9）松开鼠标左键，形成曲线，如图 1-1-10 所示。

图 1-1-8　确定起始点 1

图 1-1-9　调整曲度

图 1-1-10　形成曲线 1

（5）当需要改变路径的方向时，按住 Alt 键，单击任意一侧调节手柄并进行调节，即可改变路径的方向。按住 Alt 键，选中锚点上方的调节手柄，将其移动至龙纹草图中线条的方向，如图 1-1-11 所示。单击确定下一个目标点，参照龙纹草图的线条走向进行绘制，如图 1-1-12 所示。

　用微课学·Illustrator CC 图形设计与制作

图 1-1-11　调整调节手柄的方向

图 1-1-12　绘制线条

（6）重复以上步骤，参照龙纹草图绘制曲线。当绘制龙角结束时，将鼠标指针移动到起始点上，起始点处会出现锚点的指示（见图 1-1-13），单击起始点，形成闭合路径，如图 1-1-14 所示。

图 1-1-13　锚点的指示

图 1-1-14　形成闭合路径

（7）按住 Alt 键，同时向下滑动鼠标滚轮，以缩小画布的显示比例，从而查看绘制的龙角的整体效果。当需要调整绘制的线条时，单击左侧工具栏中的【直接选择工具】按钮，选中需要调整的锚点，此时锚点两侧会出现调节手柄（见图 1-1-15），移动锚点即可修改路径，如图 1-1-16 所示。调整结束后，左侧龙角绘制完成，效果如图 1-1-17 所示。

图 1-1-15　锚点两侧的调节手柄

图 1-1-16　修改路径

图 1-1-17　左侧龙角绘制完成

（8）绘制龙眼部分。使用【钢笔工具】绘制龙眼外侧轮廓和眉毛的线条，在画布上单击确定一个起始点（见图 1-1-18），继续单击确定目标点，参照龙纹草图线条的走向绘制眼睛外轮廓，效果如图 1-1-19 所示。使用同样的方法绘制眉毛及其他眼部线条，效果如图 1-1-20 所示。

图 1-1-18　确定起始点 2

图 1-1-19　眼睛外轮廓的效果

图 1-1-20　眉毛及其他眼部线条的效果

（9）单击【椭圆工具】按钮，按住 Shift 键，同时按住鼠标左键并拖动鼠标，绘制一个圆形，调整圆形的大小，作为龙眼的外眼圈，效果如图 1-1-21 所示；按住 Shift 键，同时按住鼠标左键并拖动鼠标，再次绘制一个圆形，将【描边】状态切换为【填充】状态，即可填充圆形的颜色，作为龙眼的眼珠，效果如图 1-1-22 所示。参照以上【钢笔工具】的使用方法绘制其他龙纹线条。

图 1-1-21　外眼圈的效果

图 1-1-22　眼珠的效果

（10）绘制胡须部分。单击确定一个起始点，如图 1-1-23 所示。在绘制"S"形胡须时，首先将锚点设置在弧线中间的位置，形成一条曲线，如图 1-1-24 所示。在这条曲线转弯之前

单击确定下一个目标点，并与上一条曲线保持流畅，如图 1-1-25 所示。使用同样的方法绘制
剩余胡须线条，左侧胡须绘制完成的效果如图 1-1-26 所示。

图 1-1-23　确定起始点 3

图 1-1-24　形成曲线 2

图 1-1-25　绘制曲线

图 1-1-26　左侧胡须绘制完成的效果

（11）绘制嘴巴部分。首先绘制獠牙，单击确定一个起始点（见图 1-1-27），单击上獠牙下方的尖角处作为目标点，形成曲线，效果如图 1-1-28 所示；按住 Alt 键，同时按住鼠标左键并拖动调节手柄至如图 1-1-29 所示的位置。参照龙纹草图完成线条的绘制。使用同样的方法绘制下獠牙，效果如图 1-1-30 所示。嘴巴其他线条的绘制方法与此相同。

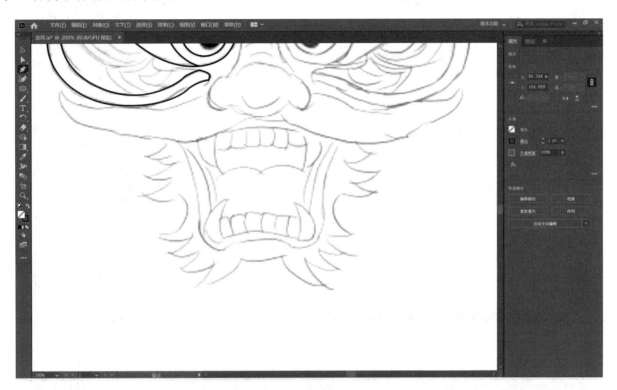

图 1-1-27　确定起始点 4

图 1-1-28　上獠牙的效果

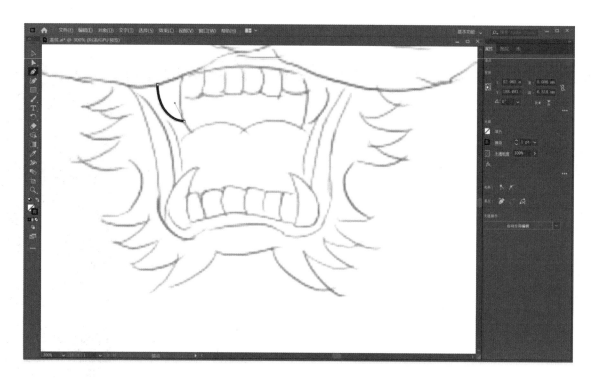

图 1-1-29　拖动调节手柄

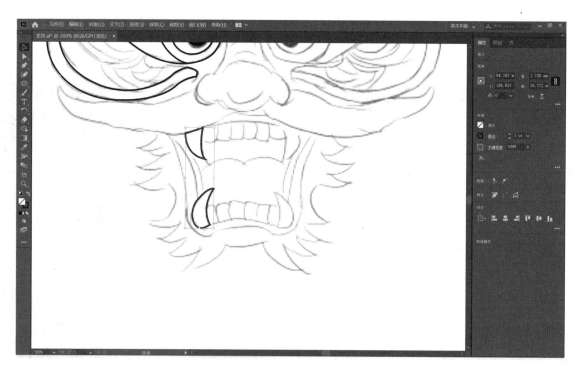

图 1-1-30　下獠牙的效果

（12）参照以上【钢笔工具】的使用方法绘制龙纹左侧线条，并进行适当调整。龙纹左侧线稿如图 1-1-31 所示。

　用微课学・Illustrator CC 图形设计与制作

图 1-1-31　龙纹左侧线稿

（13）选中已绘制的轮廓线稿，按 Ctrl ＋ C 组合键进行复制，按 Ctrl ＋ F 组合键原位粘贴，如图 1-1-32 所示。右击轮廓线稿，在弹出的快捷菜单中选择【变换】→【镜像】选项，弹出【镜像】对话框，选中【垂直】单选按钮（见图 1-1-33），单击【确定】按钮，镜像线稿，效果如图 1-1-34 所示；将镜像后的线稿向右移动至右侧相应位置，如图 1-1-35 所示；龙纹线稿绘制完成，效果如图 1-1-36 所示。

图 1-1-32　原位粘贴

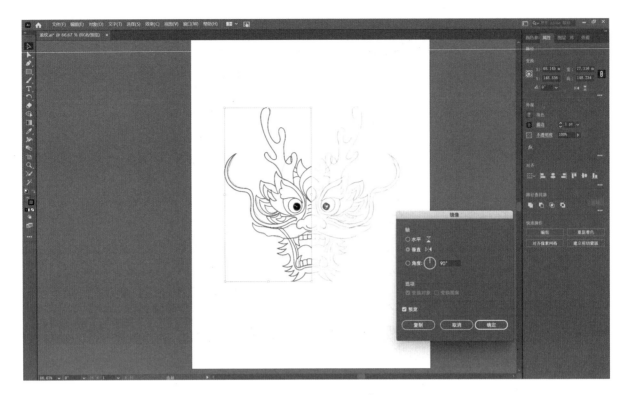

图 1-1-33　选中【垂直】单选按钮

图 1-1-34　镜像效果

用微课学·Illustrator CC 图形设计与制作

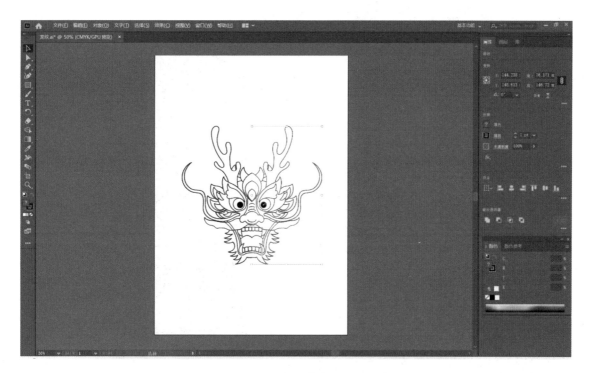

图 1-1-35　移动镜像后的线稿

图 1-1-36　龙纹线稿效果

（14）选中全部线条，将【描边】设置为 1.5pt。再次绘制龙纹外轮廓的线条，并把外轮廓线条的【描边】设置为 2.5pt，效果如图 1-1-37 所示。

图 1-1-37　调整描边后的效果

（15）按 Ctrl ＋ Alt ＋ 2 组合键取消锁定草图，按删除键删除草图；选中左侧犄角（见图 1-1-38），单击左侧工具栏中的【渐变】按钮。

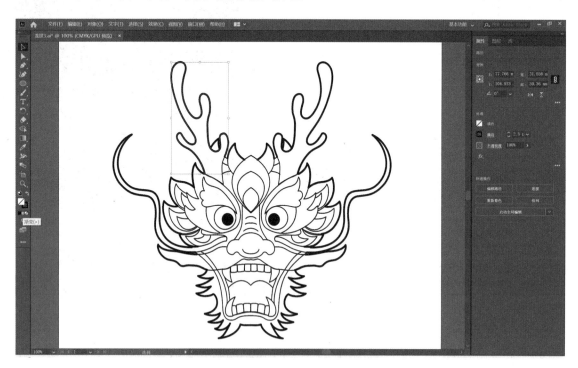

图 1-1-38　选中左侧犄角

（16）弹出【渐变】对话框，双击渐变滑块左侧色块，在弹出的对话框中将颜色设置为 R: 247、G: 199、B: 103；双击渐变滑块右侧色块，在弹出的对话框中将颜色设置为 R: 220、G:

100、B：73；将【类型】设置为【线性渐变】，【角度】设置为 -90°，效果如图 1-1-39 所示。选中右侧犄角，单击【吸管工具】按钮，吸取左侧犄角的颜色，右侧犄角渐变颜色填充完成，效果如图 1-1-40 所示。

图 1-1-39　填充左侧犄角渐变颜色后的效果

图 1-1-40　填充右侧犄角渐变颜色后的效果

（17）选中左侧眼睛周围部分，填充渐变颜色。在【渐变】对话框中，双击渐变滑块左侧色块，在弹出的对话框中将颜色设置为 R：135、G：200、B：237；双击渐变滑块右侧色块，在弹出的对话框中将颜色设置为 R：68、G：166、B：211；将【类型】设置为【线性渐变】，【角度】设置为 -180°，效果如图 1-1-41 所示。使用同样的方法填充右侧眼睛周围部分的渐变颜色，效果如图 1-1-42 所示。

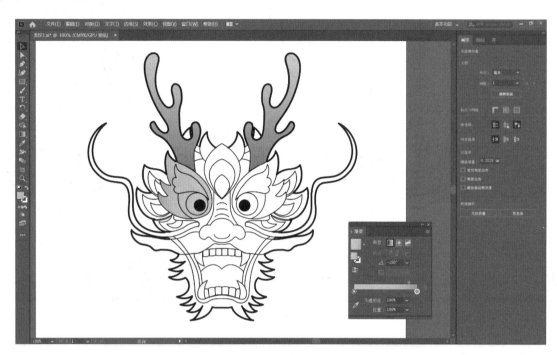

图 1-1-41　填充左侧眼睛周围部分渐变颜色后的效果

图 1-1-42　填充右侧眼睛周围部分渐变颜色后的效果

（18）参照以上方法填充其他部位的颜色。在填充中轴线两侧的颜色时，需要闭合路径。选中龙纹眼睛中间的两条线（路径）（见图 1-1-43），按住 Alt 键，同时向上滑动鼠标滚轮，以放大画布的显示比例，此时线条中会显示两个未连接的锚点（见图 1-1-44）；使用【钢笔工具】连接这两个锚点，形成闭合路径。使用同样的方法连接下方的锚点，形成闭合路径，如图 1-1-45 所示。参照以上方法填充颜色，效果如图 1-1-46 所示。

图 1-1-43　选择路径

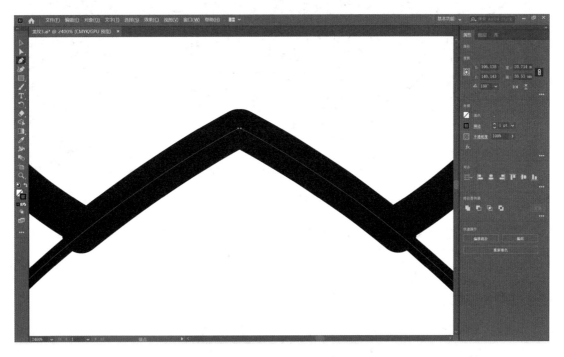

图 1-1-44　两个未连接的锚点

图 1-1-45　闭合路径

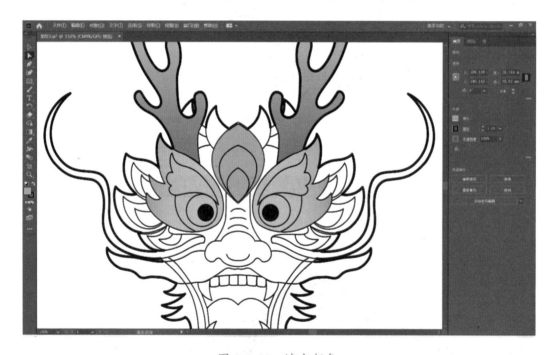

图 1-1-46　填充颜色

（19）以同样的方法填充其他部分的颜色，效果如图 1-1-47 所示。

（20）按 Ctrl ＋ A 组合键选中全部龙纹线条，双击【描边】按钮，在弹出的对话框中将【颜色】设置为白色，效果如图 1-1-48 所示。

（21）使用【矩形工具】绘制一个与画布大小相同的矩形，作为背景，并填充渐变颜色。单击【渐变】按钮，弹出【渐变】对话框，双击渐变滑块左侧色块，在弹出的对话框中将颜色设置为 R：163、G：54、B：60；双击渐变滑块右侧色块，在弹出的对话框中将颜色设置为 R：148、G：10、B：17；将【类型】设置为【径向渐变】，【角度】设置为 -90°，效果如图 1-1-49 所示。选中矩形并右击，在弹出的快捷菜单中选择【排列】→【置于底层】选项（见图 1-1-50），背景制作完成，效果如图 1-1-51 所示。

图 1-1-47　填充颜色完成后的效果

图 1-1-48　设置线条颜色后的效果

图 1-1-49　设置背景颜色后的效果

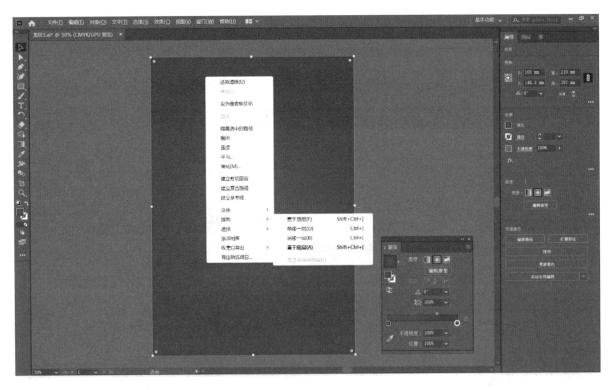

图 1-1-50　选择【排列】→【置于底层】选项

用微课学 · Illustrator CC 图形设计与制作

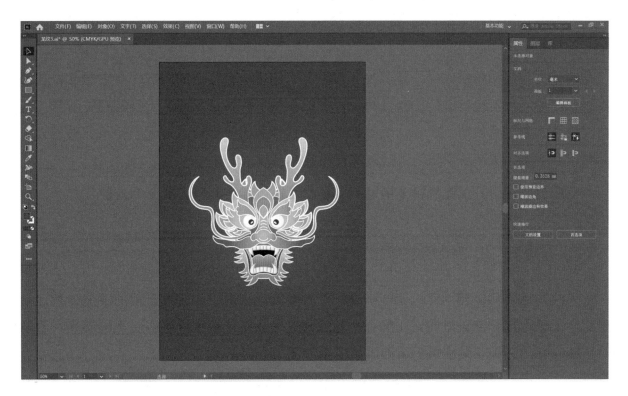

图 1-1-51　背景制作完成后的效果

龙纹最终效果如图 1-1-52 所示。

图 1-1-52　龙纹最终效果

四、小结

龙纹作为我国的传统纹样，是一种非常经典、应用十分广泛的图案，从古至今，在漫长的岁月积淀中展现着自己独特的视觉特点。龙纹作为一种象征权威、吉祥的视觉符号，与现代文创设计不断融合创新，展现出了更加符合现代审美的纹样样式，使它所具有的权力、地位、财富、智慧、福瑞和安康的美好寓意得以传承与发展。

本案例主要使用的工具包括【钢笔工具】、【镜像工具】和【渐变工具】等。

五、习题：龙纹滑板装饰设计

将龙纹与体育文化相结合，使传统纹样更大限度地应用于年轻人喜欢的潮流体育运动滑板产品，不仅可以延伸美好的文化寓意，还能够让大众对传统纹样有多层次的感受，激发他们对传统文化的兴趣。龙纹滑板装饰设计效果如图 1-1-53 所示。

图 1-1-53　龙纹滑板装饰设计效果

案例二　喜鹊登梅

一、文化寓意

喜鹊登梅是中国传统吉祥图案之一，其中梅花是春天的使者，喜鹊是好运与福气的象征。在民间传说中，七夕时所有喜鹊会飞上天河，搭起一座鹊桥让牛郎和织女相见。因此，喜鹊登梅寓意为吉祥、喜庆、好运的到来。喜鹊登梅如图1-2-1所示。

图 1-2-1　喜鹊登梅

二、图案结构分析

喜鹊登梅不仅是吉祥如意的图案，还是中华文化的遗产。由于喜鹊叫声婉转，因此人们将喜鹊视为吉祥的象征。梅象征"门楣"，因此喜鹊登梅象征着喜鹊站在门楣上为主人家报喜。在过年、婚礼及许多喜事上会用到喜鹊登梅图案。喜鹊登梅线稿如图1-2-2所示。

（1）梅花又被称为报春花。梅花的种植在我国有悠久的历史。春秋战国时期，种梅和赏梅已成为一种时尚；在《诗经》和《尚书》中，就有古人描写梅花。古往今来，人们赋予了梅花种种含义：五片花瓣象征着快乐、幸福、顺利、长寿、

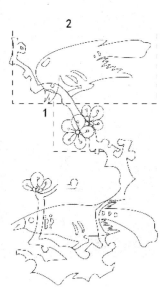

图 1-2-2　喜鹊登梅线稿

和平，花蕊象征着正直无私、坚忍不拔，花瓣和花蕊象征着统一、团结。

（2）登梅就是登眉，具有遇到喜事挂上眉梢，人逢喜事精神爽，喜事将至，笑开颜的吉祥寓意。两只喜鹊在枝头相逢，象征着相逢的喜悦。同时，两只喜鹊也有双喜临门之意。很多人在家中有喜事时会在窗户或门上粘贴喜鹊登梅的图案，追求喜庆吉祥之意。

三、图案设计与制作

1. 案例描述

喜鹊登梅是中国传统文化中的一个重要图案。喜鹊是中国传统文化中的吉祥鸟，而梅花则象征着坚强和纯洁。喜鹊登梅的形象被赋予了许多美好的寓意，代表幸福、吉祥和希望。

在制作喜鹊登梅时，主要使用【钢笔工具】、【椭圆工具】和【实时上色工具】等。在绘制过程中，需要注意线条之间的关系；在填充颜色过程中，使用【实时上色工具】。【实时上色工具】可以让上色过程更加迅速、便捷。

2. 制作步骤

（1）新建文件。将画布尺寸设置为210mm×297mm，【颜色模式】设置为【RGB颜色】，【光栅效果】设置为【高（300ppi）】，单击【创建】按钮，如图1-2-3所示。

图 1-2-3 新建文件

（2）提前绘制喜鹊登梅草图（见图1-2-4）。按 Ctrl ＋ Shift ＋ P 组合键，弹出【置入】对话框，选中喜鹊登梅草图，单击【置入】按钮，置入草图，如图1-2-5所示。在画布上将喜鹊登梅草图调整至合适大小，按 Ctrl ＋ 2 组合键进行锁定，效果如图1-2-6所示。

图 1-2-4　喜鹊登梅草图

图 1-2-5　置入喜鹊登梅草图

图 1-2-6　调整后喜鹊登梅草图的效果

（3）按住 Alt 键，同时向上滑动鼠标滚轮，以放大画布的显示比例；按住空格键，同时按住鼠标左键，将画布移动至合适的位置，如图 1-2-7 所示。

图 1-2-7　调整画布的大小和位置

（4）使用【钢笔工具】绘制线稿。首先绘制喜鹊部分，单击左侧工具栏中的【钢笔工具】按钮，在画布中单击确定一个起始点（见图 1-2-8），继续单击确定目标点。在目标点上按

　　用微课学 · Illustrator CC 图形设计与制作

住鼠标左键，锚点两侧会出现两个调节手柄，拖动调节手柄即可看到路径随鼠标的走向变化。将路径调整至适当的曲度（见图1-2-9），松开鼠标左键，形成曲线，如图1-2-10所示。

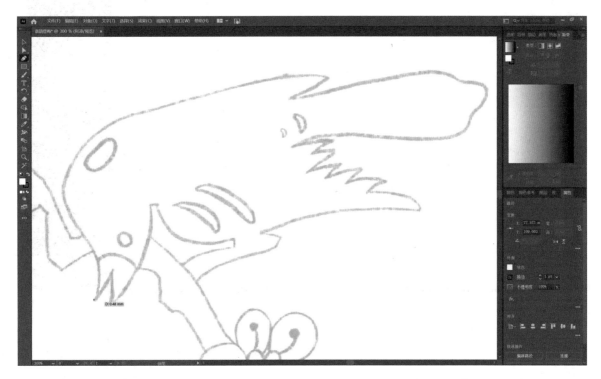

图 1-2-8　确定起始点 1

图 1-2-9　调整曲度

图 1-2-10　形成曲线 1

（5）当需要改变路径的方向时，按住 Alt 键，单击任意一侧调节手柄并进行调节，即可改变路径的方向。按住 Alt 键，选中锚点上方的调节手柄，将其移动至喜鹊登梅草图中线条的位置，如图 1-2-11 所示。单击确定下一个目标点，参照喜鹊登梅草图的线条走向进行绘制，如图 1-2-12 所示。

图 1-2-11　调整调节手柄的方向

用微课学·Illustrator CC 图形设计与制作

图 1-2-12　绘制线条

（6）重复以上步骤，参照喜鹊登梅草图绘制曲线。当绘制喜鹊结束时，将鼠标指针移动到起始点上，起始点处会出现锚点的指示（见图 1-2-13），单击起始点，形成闭合路径，如图 1-2-14 所示。

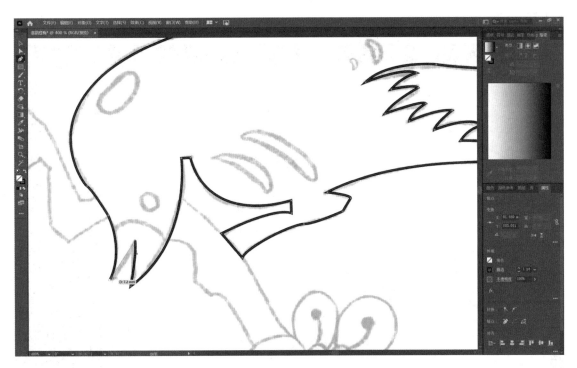

图 1-2-13　锚点的指示

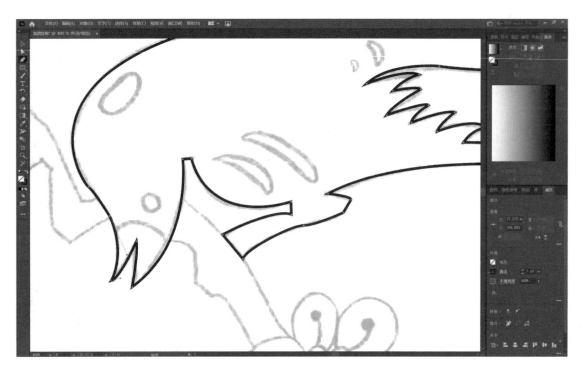

图 1-2-14　形成闭合路径

（7）按住 Alt 键，同时向下滑动鼠标滚轮，以缩小画布的显示比例，从而查看绘制的喜鹊的整体效果。当需要调整绘制的线条时，单击左侧工具栏中的【直接选择工具】按钮，选中需要调整的锚点，此时锚点两侧会出现调节手柄（见图 1-2-15），移动锚点即可修改路径，如图 1-2-16 所示。

图 1-2-15　锚点两侧的调节手柄

图 1-2-16　修改路径

（8）使用【钢笔工具】绘制喜鹊内部线条。在画布上单击确定一个起始点（见图 1-2-17），继续单击确定目标点，参照喜鹊登梅草图线条的走向绘制线条，效果如图 1-2-18 所示。使用同样的方法绘制其余内部线条，完成后的效果如图 1-2-19 所示。

图 1-2-17　确定起始点 2

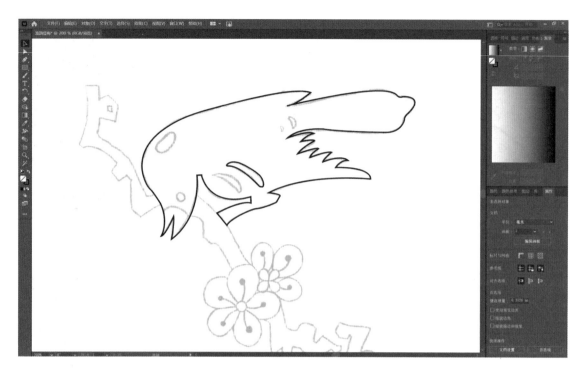

图 1-2-18　喜鹊内部线条的效果

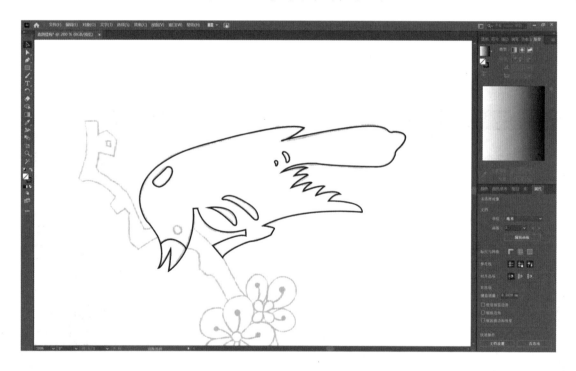

图 1-2-19　喜鹊内部线条绘制完成后的效果

（9）单击【椭圆工具】按钮，按住 Shift 键，同时按住鼠标左键并拖动鼠标，绘制一个圆形，调整圆形的大小，作为第一只喜鹊的眼睛，效果如图 1-2-20 所示。

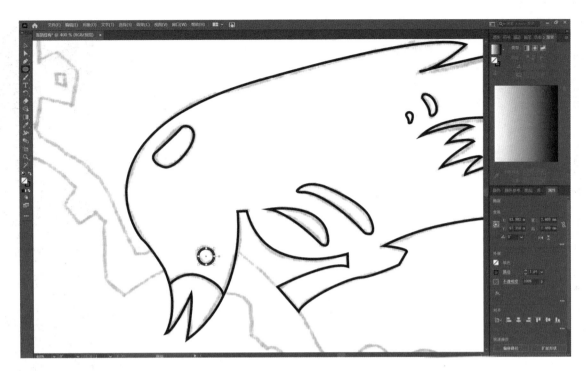

图 1-2-20　第一只喜鹊的眼睛效果

（10）绘制第二只喜鹊，单击确定一个起始点（见图 1-2-21）。在绘制"S"形喜鹊身形时，首先将锚点设置在弧线中间的位置，形成一条曲线，如图 1-2-22 所示。在这条曲线转弯之前单击确定目标点，并与上一条曲线保持流畅，如图 1-2-23 所示。使用同样的方法绘制喜鹊不规则轮廓部分线条，绘制完成后的效果如图 1-2-24 所示。

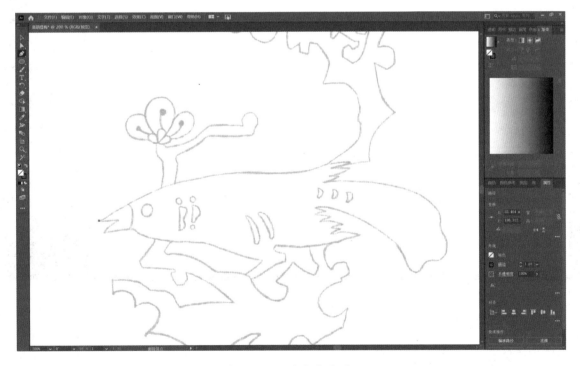

图 1-2-21　确定起始点 3

图 1-2-22　形成曲线 2

图 1-2-23　绘制曲线

　用微课学·Illustrator CC 图形设计与制作

图 1-2-24 喜鹊不规则轮廓部分线条绘制完成后的效果

（11）单击左侧工具栏中的【椭圆工具】按钮，按住Shift键，同时按住鼠标左键并拖动鼠标，绘制一个圆形，调整圆形的大小，作为第二只喜鹊的眼睛，效果如图 1-2-25 所示。

图 1-2-25 第二只喜鹊的眼睛效果

（12）参照以上【钢笔工具】的使用方法绘制梅花花瓣轮廓，并进行适当调整，效果如图 1-2-26 所示。使用【椭圆工具】，按住 Shift 键，同时按住鼠标左键并拖动鼠标，绘制一个圆形，调整圆形的大小，作为梅花的花心；参照以上【椭圆工具】的使用方法绘制梅花的花瓣装饰，效果如图 1-2-27 所示。

图 1-2-26　梅花花瓣轮廓的效果

图 1-2-27　梅花的花心和花瓣装饰的效果

（13）使用【钢笔工具】和【椭圆工具】，绘制剩余梅花，效果如图 1-2-28 所示。

　用微课学·Illustrator CC 图形设计与制作

图 1-2-28　剩余梅花的效果

（14）使用【钢笔工具】绘制树枝部分，单击确定一个起始点（见图 1-2-29），选中树枝右边尖端作为目标点，形成曲线，如图 1-2-30 所示；按住 Alt 键，同时按住鼠标左键并拖动调节手柄，以调整调节手柄的位置，如图 1-2-31 所示。参照喜鹊登梅草图完成线条的绘制，使用同样的方法绘制其他树枝，效果如图 1-2-32 所示。

图 1-2-29　确定起始点 4

图 1-2-30　树枝的效果

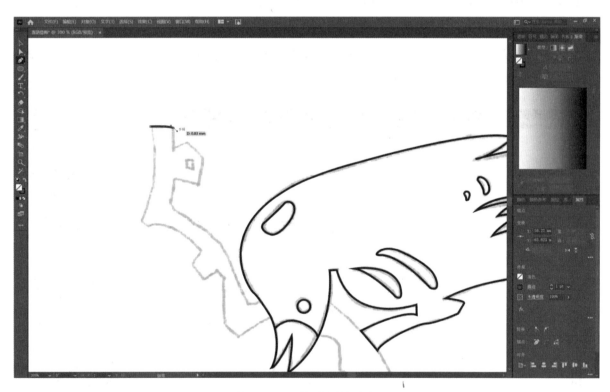

图 1-2-31　拖动调节手柄

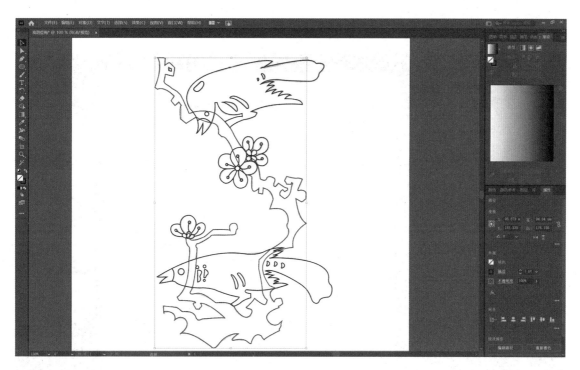

图 1-2-32　树枝的效果

（15）按 Ctrl ＋ Alt ＋ 2 组合键取消锁定喜鹊登梅草图，按删除键删除草图。喜鹊登梅
线稿绘制完成，效果如图 1-2-33 所示。

图 1-2-33　喜鹊登梅线稿的效果

（16）单击左侧工具栏中的【椭圆工具】按钮，按住 Shift，同时按住鼠标左键并拖动鼠标，
绘制一个圆形，效果如图 1-2-34 所示；按住 Alt 键，同时按住鼠标左键并向下拖动圆形，复

制一个圆形。参照以上方法共绘制 5 个圆形，效果如图 1-2-35 所示。

图 1-2-34　绘制一个圆形的效果

图 1-2-35　绘制的 5 个圆形的效果

（17）选中圆形，单击右侧工具栏中的【颜色】按钮，分别给 5 个圆形填充颜色，从上到下依次将颜色设置为 R：223、G：71、B：31；R：29、G：182、B：224；R：235、G：156、B：84；R：249、G：169、B：179；R：255、G：77、B：111，效果如图 1-2-36 所示。

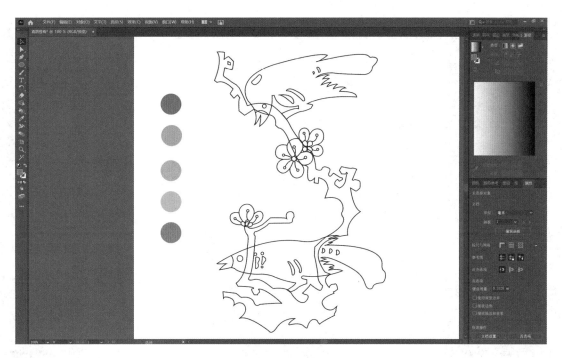

图 1-2-36　设置 5 个圆形颜色后的效果

（18）单击左侧工具栏中的【选择工具】按钮，选中树枝路径，在右侧【颜色】对话框中将颜色设置为 R：235、G：156、B：84，效果如图 1-2-37 所示；将描边设置为：R：223、G：71、B：31，效果如图 1-2-38 所示。选中树枝并右击，在弹出的快捷菜单中选择【排列】→【置于底层】选项，如图 1-2-39 所示。按 Ctrl ＋ 2 组合键锁定树枝，填充树枝颜色完成，效果如图 1-2-40 所示。

图 1-2-37　设置树枝填充颜色后的效果

图 1-2-38　设置树枝描边颜色后的效果

图 1-2-39　选择【排列】→【置于底层】选项

　用微课学·Illustrator CC 图形设计与制作

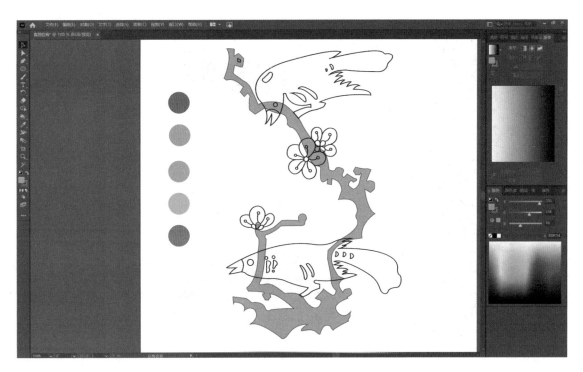

图 1-2-40　填充树枝颜色完成的效果

（19）使用【实时上色工具】进行上色。按住 Alt 按键，单击左侧第 1 个圆形，吸取该圆形上的颜色。当松开鼠标左键时，鼠标指针会显示当前所选中的颜色，即朱红色，如图 1-2-41 所示。继续单击喜鹊登梅线稿中的喜鹊图案，为其进行上色，效果如图 1-2-42 所示。

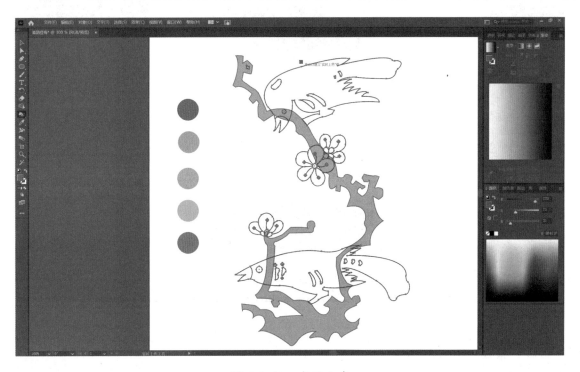

图 1-2-41　实时上色

图 1-2-42　实时上色效果

（20）使用【实时上色工具】为其他元素进行上色，最终效果如图 1-2-43 所示。

图 1-2-43　实时上色最终效果

喜鹊登梅最终效果如图 1-2-44 所示。

图 1-2-44　喜鹊登梅最终效果

四、小结

通过绘制喜鹊登梅图案，读者能够更加了解传统吉祥符号的文化内涵与寓意，熟练掌握【钢笔工具】、【椭圆工具】和【实时上色工具】的使用技巧。

五、习题：喜鹊登梅扇面装饰设计

将喜鹊登梅图案与现代文创产品相结合，使用【钢笔工具】和【实时上色工具】等完成喜鹊登梅扇面装饰设计。喜鹊登梅扇面装饰设计效果如图 1-2-45 所示。

图 1-2-45　喜鹊登梅扇面装饰设计效果

微课视频

一、文化寓意

　　饕餮是中国古代神话传说中的一种凶兽。饕餮纹是青铜器上常见的花纹之一。饕餮纹最早出现在长江中下游地区的良渚文化陶器和玉器上，盛行于商代至西周早期。饕餮纹是古代人民融合了自然界各种猛兽的特征，并加上自己的想象而形成的图案。其中，兽的面部巨大且夸张，具有很强的装饰性，常被用作器物的主要纹饰。饕餮纹与古代人民的文化生活息息相关，充分体现了古代人民的智慧和创造力，以及对神明的崇拜与敬畏。饕餮纹如图 1-3-1 所示。

图 1-3-1　饕餮纹

二、图案结构分析

　　饕餮又被称为老饕，是古代神话传说中的四大凶兽之一。《山海经》中记载，饕餮形状如羊身人面，其目在腋下，虎齿人爪，音如婴儿，是贪欲的象征，常被用来形容贪食或贪婪的人。饕餮纹线稿如图 1-3-2 所示。

图 1-3-2　饕餮纹线稿

饕餮纹都是以正面形式呈现的，眼眶用凸线塑出，上面刻画凹线纹饰，鼻子往往位于器物的中轴线或楼角线。饕餮纹一般以动物的面目形象呈现，具有虫、鱼、鸟、兽等动物的特征，由耳、眼、眉、鼻子、角等几部分组成。

三、图案设计与制作

1. 案例描述

饕餮纹体现了古代人们对超世间权威的崇拜和追求，尤其强调了对王者神圣和威严的尊崇。

在制作饕餮纹时，主要使用【钢笔工具】和【吸管工具】等。在制作过程中，需要注意纹样的对称性及装饰图案的疏密度。

2. 制作步骤

（1）新建文件。将画布尺寸设置为210mm×297mm，【颜色模式】设置为【RGB 颜色】，【光栅效果】设置为【高（300ppi）】，单击【创建】按钮，如图 1-3-3 所示。

图 1-3-3　新建文件

（2）提前绘制饕餮纹草图，如图 1-3-4 所示。

图 1-3-4　饕餮纹草图

（3）按 Ctrl ＋ Shift ＋ P 组合键，弹出【置入】对话框，选中饕餮纹草图，单击【置入】按钮，置入草图，如图 1-3-5 所示。

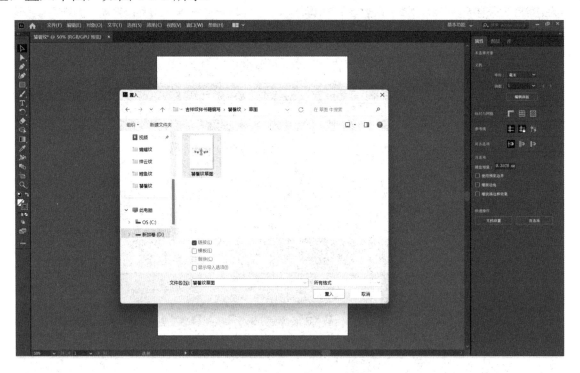

图 1-3-5　置入饕餮纹草图

（4）使用鼠标拖动饕餮纹草图，在画布上将草图调整至合适大小，如图 1-3-6 所示。

　用微课学·Illustrator CC 图形设计与制作

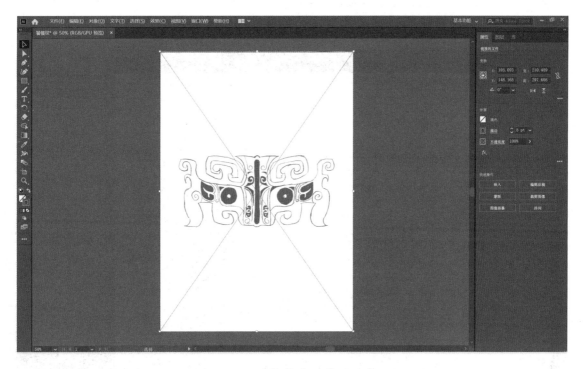

图 1-3-6　调整饕餮纹草图的大小

（5）调整完饕餮纹草图后，将草图的透明度设置为 50%，并按 Ctrl ＋ 2 组合键进行锁定，作为参考背景，效果如图 1-3-7 所示。

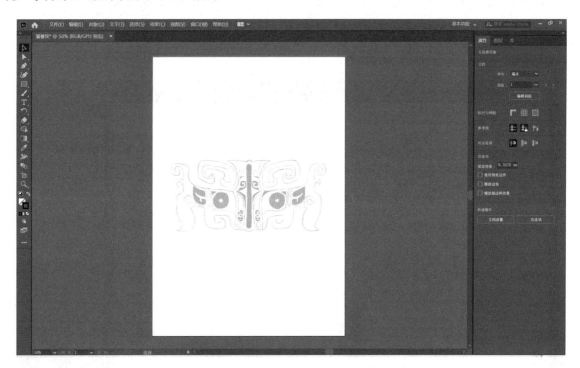

图 1-3-7　调整饕餮纹草图后的效果

（6）按住 Alt 键，同时向上滑动鼠标滚轮，以放大画布的显示比例；按住空格键，同

时按住鼠标左键，将画布移动至合适的位置，如图 1-3-8 所示。

图 1-3-8　调整画布的大小和位置

（7）使用【钢笔工具】绘制线稿。在绘制过程中，可以根据实际需要调整画布的大小和方向。单击左侧工具栏中的【钢笔工具】按钮，在画布中单击确定一个起始点，如图 1-3-9 所示。

图 1-3-9　确定起始点

（8）参照饕餮纹草图，继续在适当位置单击确定目标点。在目标点上按住鼠标左键，锚点两侧会出现两个调节手柄，拖动调节手柄即可看到路径随鼠标的走向变化。将路径调整至适当的曲度，松开鼠标左键，形成线条，如图 1-3-10 所示。

图 1-3-10　形成线条

（9）单击确定下一个目标点，按住鼠标左键并拖动调节手柄，使线条形成与饕餮草图弧度相符的曲线，如图 1-3-11 所示。

图 1-3-11　调整线条

（10）参照以上【钢笔工具】的使用方法绘制线条，在绘制过程中注意线条的流畅性，如图 1-3-12 所示。

图 1-3-12　绘制线条 1

（11）使用同样的方法绘制饕餮纹左侧外轮廓，如图 1-3-13 所示。

图 1-3-13　绘制饕餮纹左侧外轮廓

用微课学·Illustrator CC 图形设计与制作

（12）选中绘制好的左侧外轮廓线条并右击，在弹出的快捷菜单中选择【变换】→【镜像】选项，如图 1-3-14 所示。

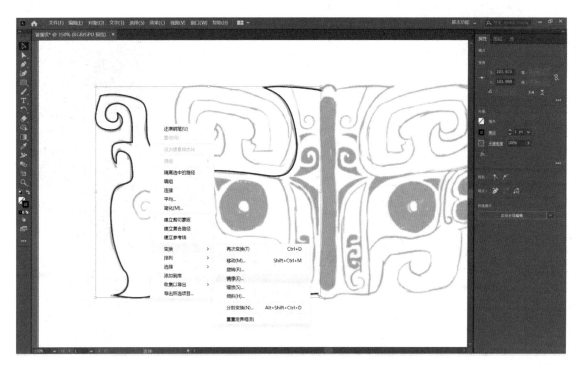

图 1-3-14　选择【变换】→【镜像】选项

（13）弹出【镜像】对话框（见图 1-3-15），选中【垂直】单选按钮，单击【复制】按钮。

图 1-3-15　【镜像】对话框

（14）单击【确定】按钮，复制并镜像线条，将复制的线条向右移动至适当的位置，作为右侧外轮廓，如图 1-3-16 所示。

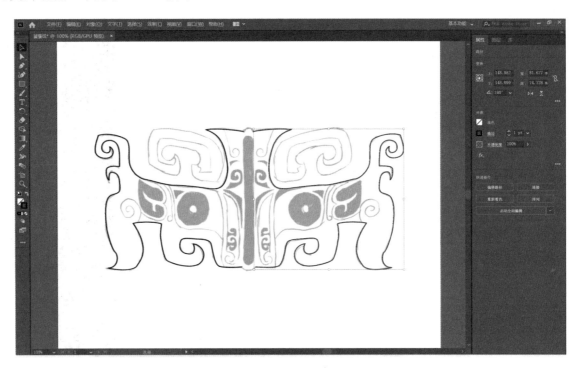

图 1-3-16　移动复制并镜像的线条 1

（15）使用【钢笔工具】选中左侧外轮廓线条中的一个锚点，使其与右侧外轮廓的锚点相连（见图 1-3-17），形成闭合路径。

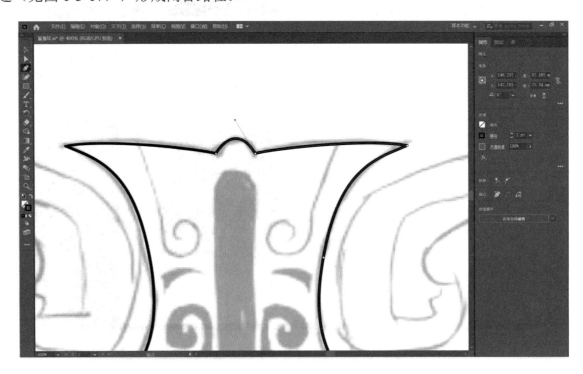

图 1-3-17　连接锚点

（16）使用同样的方法连接外轮廓下方的锚点，效果如图 1-3-18 所示。

图 1-3-18　连接外轮廓后的效果

（17）使用【钢笔工具】绘制左侧上方部分，如图 1-3-19 所示。

图 1-3-19　绘制左侧上方部分

（18）选中绘制好的左侧上方部分线条并右击，在弹出的快捷菜单中选择【变换】→【镜像】选项，弹出【镜像】对话框，选中【垂直】单选按钮，单击【复制】按钮，复制并镜像线条。将复制并镜像的线条向右移动至对称位置，如图 1-3-20 所示。

图 1-3-20　移动复制并镜像的线条 2

（19）使用【矩形工具】在中间位置绘制一个矩形，如图 1-3-21 所示。

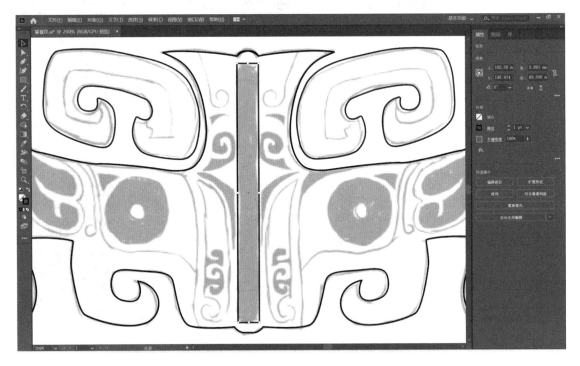

图 1-3-21　绘制矩形

用微课学·Illustrator CC 图形设计与制作

（20）选择【钢笔工具】在矩形两侧线条的中间位置各添加一个锚点，如图 1-3-22 所示。

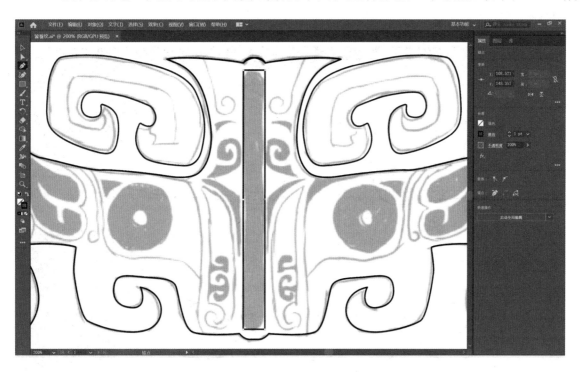

图 1-3-22　添加锚点

（21）依次选中两个锚点，分别向内侧移动 1pt，如图 1-3-23 所示。

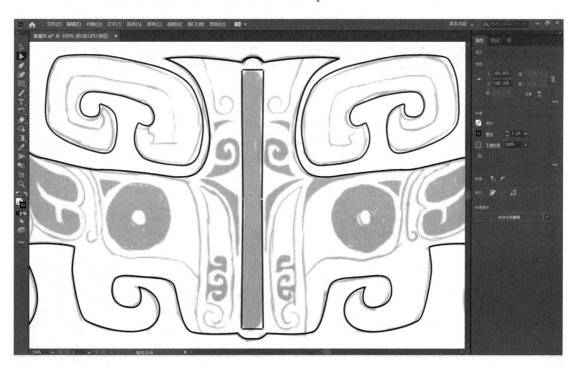

图 1-3-23　移动锚点

（22）单击【直接选择工具】按钮，同时按住 Shift 键，依次选中矩形四个角上的锚点，此时四个锚点内侧会出现一个圆形指示图，向内侧拉动圆形指示图可以形成圆角，如图1-3-24所示。

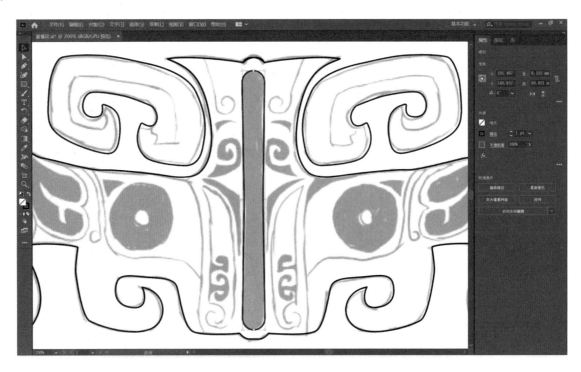

图 1-3-24　形成圆角

（23）使用【钢笔工具】，根据饕餮纹草图绘制左侧部分的装饰线条，如图1-3-25所示。

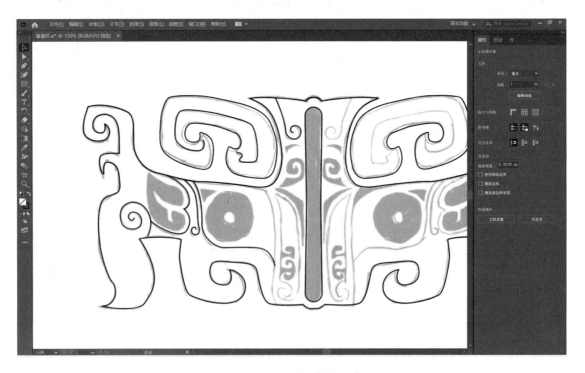

图 1-3-25　绘制装饰线条

　用微课学 · Illustrator CC 图形设计与制作

（24）选中绘制好的装饰线条并右击，在弹出的快捷菜单中选择【变换】→【镜像】选项，弹出【镜像】对话框，选中【垂直】单选按钮，单击【复制】按钮，完成复制并镜像装饰线条。将复制并镜像的装饰线条向右移动至对称位置，如图 1-3-26 所示。

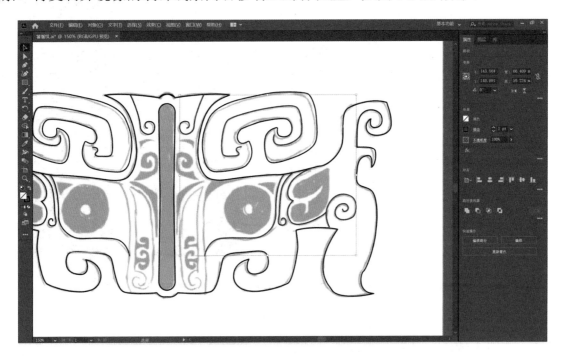

图 1-3-26　移动装饰线条

（25）使用【钢笔工具】绘制以下线条，如图 1-3-27 所示。

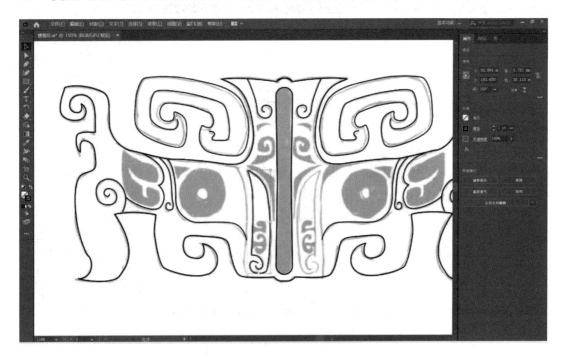

图 1-3-27　绘制线条 2

（26）选择【窗口】→【描边】选项，弹出【描边】对话框，将【粗细】设置为 2pt，【配置文件】设置为粗细变换的形态，如图 1-3-28 所示。

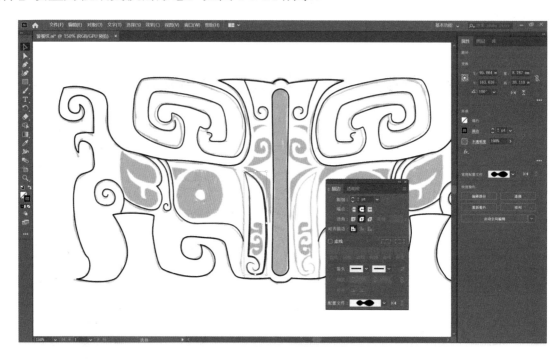

图 1-3-28　设置描边 1

（27）使用【钢笔工具】，根据饕餮纹草图绘制左侧部分装饰图形，并使用【镜像】对话框复制并镜像图形，从而形成对称图形，如图 1-3-29 所示。

图 1-3-29　对称图形

（28）适当调整线条，按 Ctrl ＋ Alt ＋ 2 组合键取消锁定饕餮纹草图，按删除键删除草图。饕餮纹线稿绘制完成，如图 1-3-30 所示。

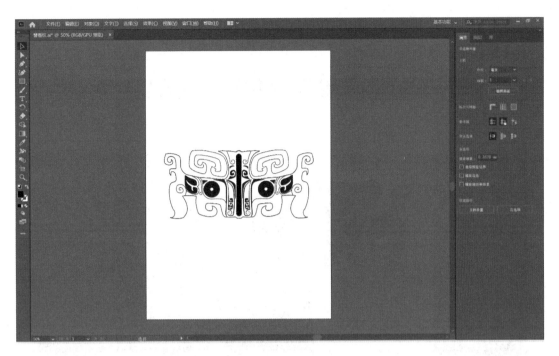

图 1-3-30　饕餮纹线稿

（29）选中饕餮纹的主体部分，单击【渐变】按钮，弹出【渐变】对话框，双击渐变滑块左侧色块，在弹出的对话框中将颜色设置为 R：191、G：80、B：63；双击渐变滑块右侧色块，在弹出的对话框中将颜色设置为 R：198、G：94、B：57；单击渐变滑块的中间位置，添加一个色块，并将颜色设置为 R：230、G：135、B：67，位置设置为 50%；将【类型】设置为【线性渐变】，【角度】设置为 0°，如图 1-3-31 所示。

图 1-3-31　设置渐变填充 1

（30）选中主体部分上方两个图形，并切换为【渐变】状态。选中中间图形，双击【填色】按钮，弹出【拾色器】对话框，将颜色设置为 R：153、G：67、B：68，如图 1-3-32 所示。

图 1-3-32　吸取主体部分的颜色

（31）选中中间图形周围的装饰图形，双击【填色】按钮，弹出【拾色器】对话框，将颜色设置为 R：5、G：171、B：105，如图 1-3-33 所示。

图 1-3-33　设置填充颜色 1

（32）选中除眼睛之外的装饰图形，双击【填色】按钮，弹出【拾色器】对话框，将颜色设置为 R：143、G：68、B：65，如图 1-3-34 所示。

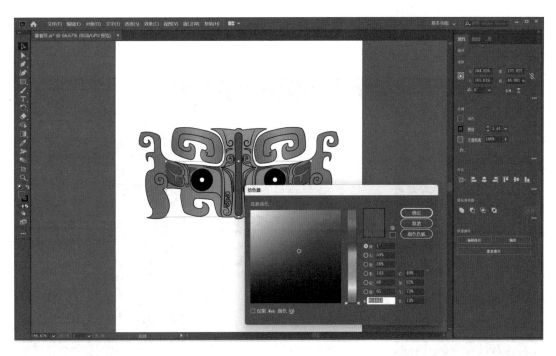

图 1-3-34　设置填充颜色 2

（33）选中眼睛部分，单击【渐变】按钮，弹出【渐变】对话框，双击渐变滑块左侧色块，在弹出的对话框中将颜色设置为 R：157、G：113、B：116；双击渐变滑块右侧色块，在弹出的对话框中将颜色设置为 R：81、G：122、B：158；单击渐变滑块的中间位置，添加一个色块，并将颜色设置为 R：148、G：159、B：153，位置设置为 50%；将【类型】设置为【线性渐变】，【角度】设置为 0°，如图 1-3-35 所示。

图 1-3-35　设置渐变填充 2

（34）按 Ctrl ＋ A 组合键选中全部图形，将描边颜色设置为白色，描边粗细设置为1pt，如图 1-3-36 所示。

图 1-3-36　设置描边 2

（35）使用【矩形工具】绘制一个与画布大小相等的矩形，作为背景，并将填充颜色设置为 R：145、G：191、B：189，效果如图 1-3-37 所示。

图 1-3-37　设置背景颜色后的效果

（36）选中矩形并右击，在弹出的快捷菜单中选择【排列】→【置于底层】选项，如图 1-3-38 所示。

用微课学·Illustrator CC 图形设计与制作

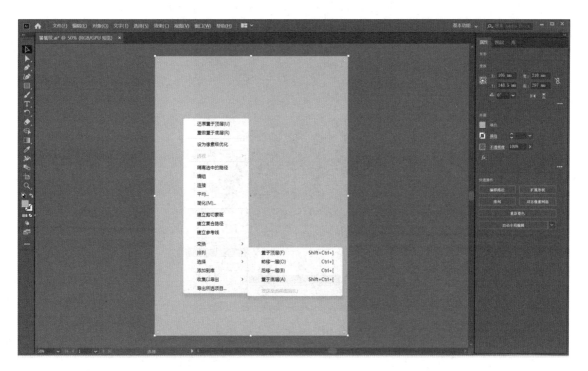

图 1-3-38　选择【排列】→【置于底层】选项

（37）背景制作完成，效果如图 1-3-39 所示。

图 1-3-39　背景制作完成后的效果

饕餮纹最终效果如图 1-3-40 所示。

图 1-3-40　饕餮纹最终效果

四、小结

饕餮纹是一种在中国发现的、大量存在于商周青铜器上的、具有神话色彩的视觉符号，背后隐含着中国几千年的文化历史特征，具有独特而庄重的形式美感和神秘的艺术气息。

本案例主要使用的工具包括【钢笔工具】和【吸管工具】等。

五、习题：饕餮纹茶杯装饰设计

在研究饕餮纹的基础上，将其艺术特征与现代设计文化内涵相结合，创作出既蕴含传统文化又充满现代感的文创设计作品。饕餮纹茶杯装饰设计效果如图 1-3-41 所示。

图 1-3-41　饕餮纹茶杯装饰设计效果

案例四 鲤鱼纹

一、文化寓意

鲤鱼寓意着吉祥和繁荣。在中国传统文化中，鲤鱼纹常被用于手工艺品和服饰，作为传递节日氛围的使者。鲤鱼还被赋予了智慧和才华的象征意义。在古代文献中，鲤鱼被称为"龙门客"。鲤鱼纹如图 1-4-1 所示。

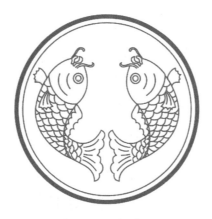

图 1-4-1　鲤鱼纹

二、图案结构分析

在古代，考生会在科举考试前触摸鲤鱼跳龙门的图案，希望自己能够通过考试。鲤鱼代表着人们对美好生活的向往和祝福。鲤鱼纹线稿如图 1-4-2 所示。

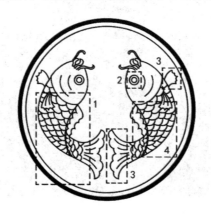

图 1-4-2　鲤鱼纹线稿

（1）绘制鲤鱼纹的关键在于身体运动的主线（脊柱线）要有弯曲的变化，以展现浮潜洄游的姿态。

（2）鲤鱼的眼睛稍大，眼珠要黑，留有高光，要有精神。

（3）鳍和尾要有漂浮感，柔软如绸。

（4）鱼鳞强调图案的装饰性，可以适当放大，从头到尾鱼鳞逐渐变小。

三、图案设计与制作

1. 案例描述

鲤鱼纹在中国传统文化中蕴含着很多美好的寓意，鲤鱼跃龙门的故事家喻户晓。鲤鱼象征着无畏、进取、奋斗、勇气、财运等，从古至今在中国文化中都是具有代表性的吉祥符号。

在制作鲤鱼纹时，主要使用【钢笔工具】、【椭圆工具】和【镜像工具】等。在绘制过程中，需要注意线条的流畅性及疏密度；在填充颜色过程中，需要注意色彩的搭配。

2. 制作步骤

（1）新建文件。将画布设置为 210mm×297mm，【颜色模式】设置为【RGB 颜色】，【光栅效果】设置为【高（300ppi）】，单击【创建】按钮，如图 1-4-3 所示。

图 1-4-3　新建文件

（2）提前绘制鲤鱼纹草图，如图 1-4-4 所示。

图 1-4-4　鲤鱼纹草图

（3）按 Ctrl ＋ Shift ＋ P 组合键弹出【置入】对话框，选中鲤鱼纹草图，单击【置入】按钮，置入草图，如图 1-4-5 所示。

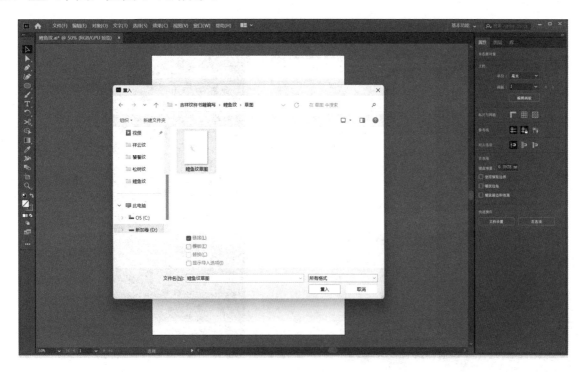

图 1-4-5　置入鲤鱼纹草图

（4）使用鼠标拖动鲤鱼纹草图，在画布上将草图调整至合适大小，如图 1-4-6 所示。

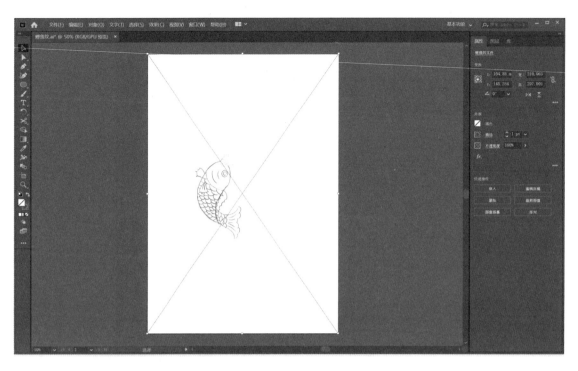

图 1-4-6　调整鲤鱼纹草图的大小

（5）调整结束后，按 Ctrl ＋ 2 组合键锁定鲤鱼纹草图，作为参考背景，效果如图 1-4-7
所示。

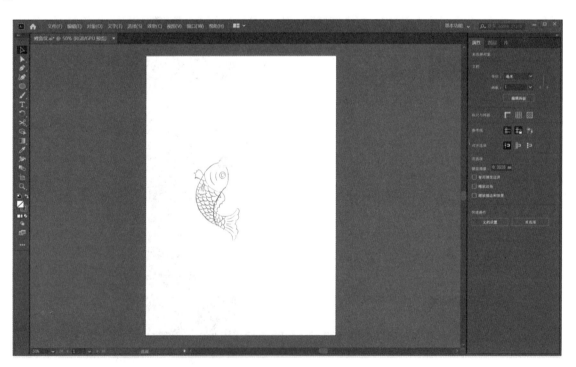

图 1-4-7　鲤鱼纹草图作为参考背景的效果

（6）按住 Alt 键，同时向上滑动鼠标滚轮，以放大画布的显示比例；按住空格键，同
时按住鼠标左键，将画布移动至合适的位置，如图 1-4-8 所示。

　用微课学·Illustrator CC 图形设计与制作

图 1-4-8　调整画布的大小和位置

（7）使用【钢笔工具】绘制线稿。在绘制过程中，可以根据实际需要调整画布的大小和方向。单击左侧工具栏中的【钢笔工具】按钮，在画布上单击确定一个起始点，如图 1-4-9所示。

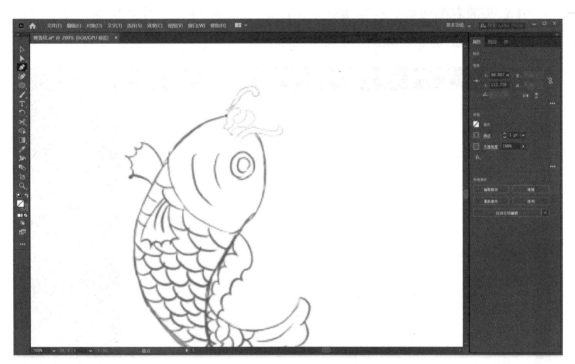

图 1-4-9　确定起始点

（8）参照鲤鱼纹草图，在鱼头和鱼身的连接处单击确定目标点。在目标点上按住鼠标左键，锚点两侧会出现两个调节手柄，拖动调节手柄即可看到路径随鼠标的走向变化。参照草图的线条将路径调整至适当的曲度，松开鼠标左键，形成线条，如图 1-4-10 所示。

图 1-4-10　形成线条

（9）在鱼头的右侧和鱼身的连接处单击确定下一个目标点，按住鼠标左键并拖动鼠标绘制与草图弧度相符的曲线，如图 1-4-11 所示。

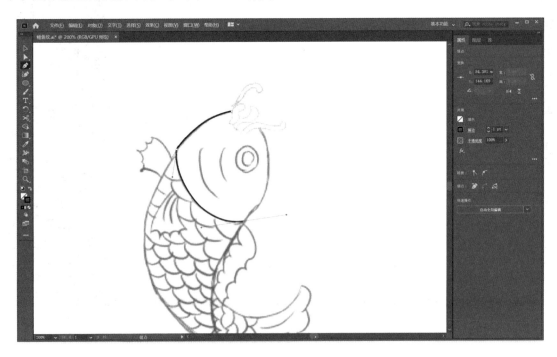

图 1-4-11　绘制曲线

　用微课学・Illustrator CC 图形设计与制作

（10）参照【钢笔工具】的使用方法绘制鱼头线条，如图 1-4-12 所示。

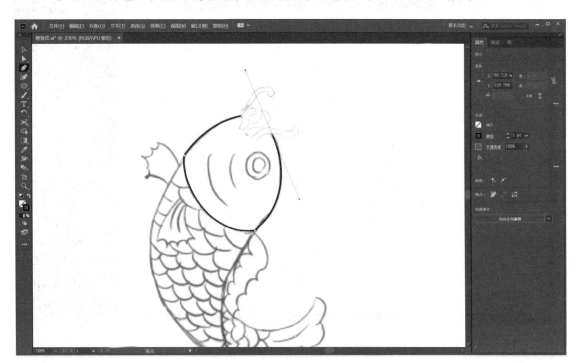

图 1-4-12　绘制鱼头线条

（11）单击【钢笔工具】按钮，使用同样的方法绘制鱼身线条，如图 1-4-13 所示。

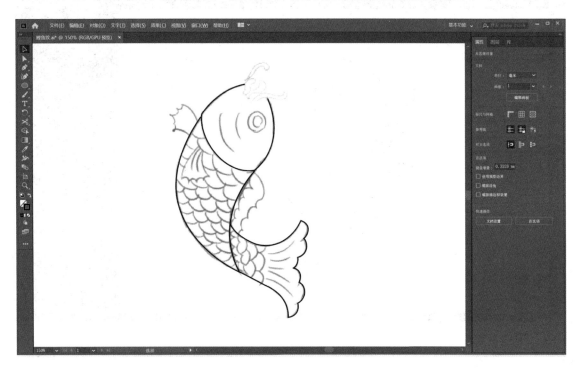

图 1-4-13　绘制鱼身线条

（12）使用【椭圆工具】绘制鲤鱼的眼睛。首先绘制一个圆形，然后按 Ctrl ＋ C 组合键进行复制，最后按组合键 Ctrl ＋ F 组合键原位粘贴，并调整圆形的大小，如图 1-4-14 所示。

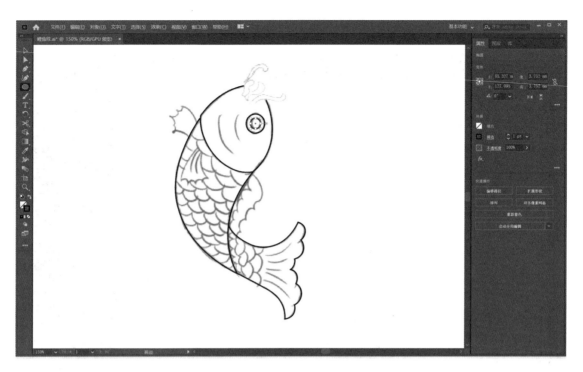

图 1-4-14　绘制眼睛

（13）使用【钢笔工具】，参照鲤鱼纹草图绘制鱼鳞，如图 1-4-15 所示。

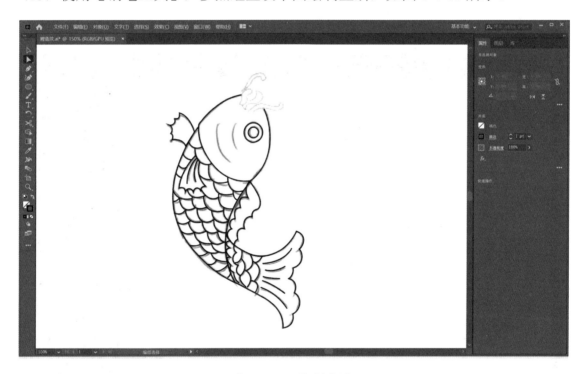

图 1-4-15　绘制鱼鳞

（14）绘制剩余部分线条，按 Ctrl ＋ Alt ＋ 2 组合键取消锁定鲤鱼纹草图，按删除键删除草图。鲤鱼线稿绘制完成，如图 1-4-16 所示。

图 1-4-16　鲤鱼线稿

（15）选中绘制完的鲤鱼线稿并右击，在弹出的快捷菜单中选择【变换】→【镜像】选项，弹出【镜像】对话框，如图 1-4-17 所示。

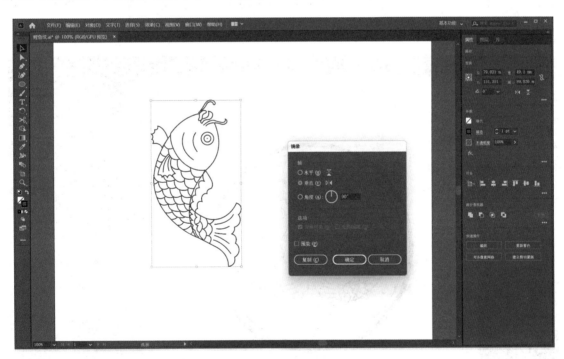

图 1-4-17　【镜像】对话框

（16）在【镜像】对话框中，选中【垂直】单选按钮，单击【复制】按钮，复制并镜像鲤鱼线稿。将复制并镜像的镜像鲤鱼线稿向右移动至对称位置，如图 1-4-18 所示。

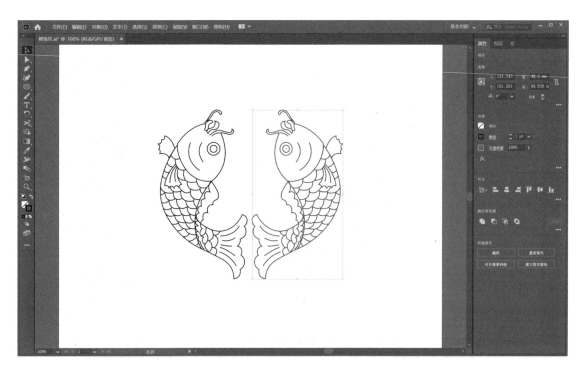

图 1-4-18　移动复制并镜像的鲤鱼线稿

（17）单击【椭圆工具】按钮，按住 Shift 键绘制一个圆形，按 Ctrl ＋ C 组合键进行复制，按 Ctrl ＋ F 组合键原位粘贴；将复制的圆形缩小至合适大小；将外侧圆形（外轮廓）的描边粗细设置为 8pt，如图 1-4-19 所示。

图 1-4-19　绘制外轮廓

（18）将内侧圆形的描边粗细设置为 2pt，如图 1-4-20 所示。

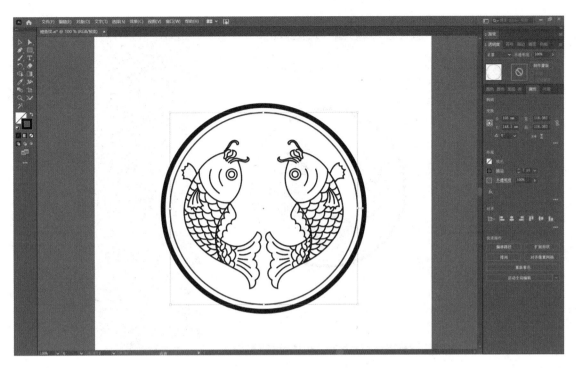

图 1-4-20　设置内侧圆形的描边粗细

（19）选中两个鲤鱼线稿，双击【填色】按钮，弹出【拾色器】对话框，将颜色设置为R：184、G：55、B：36（见图1-4-21），单击【确定】按钮，完成填充颜色的设置，如图1-4-22所示。

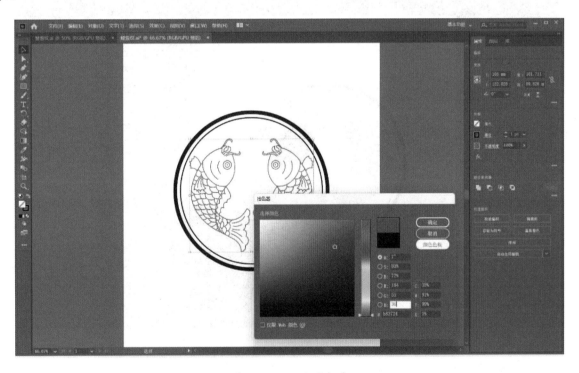

图 1-4-21　设置颜色

图 1-4-22　完成颜色填充

（20）双击【描边】按钮，弹出【拾色器】对话框，将颜色设置为 R：236、G：206、B：170（见图 1-4-23），单击【确定】按钮，完成填充描边颜色。

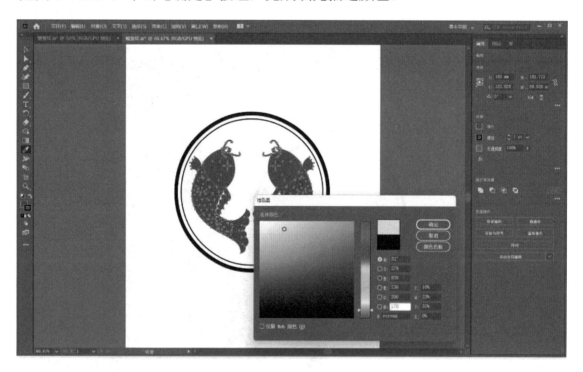

图 1-4-23　设置描边颜色 1

（21）将描边粗细设置为 2pt，【对齐描边】设置为【使描边外侧对齐】，如图 1-4-24 所示。

　用微课学·Illustrator CC 图形设计与制作

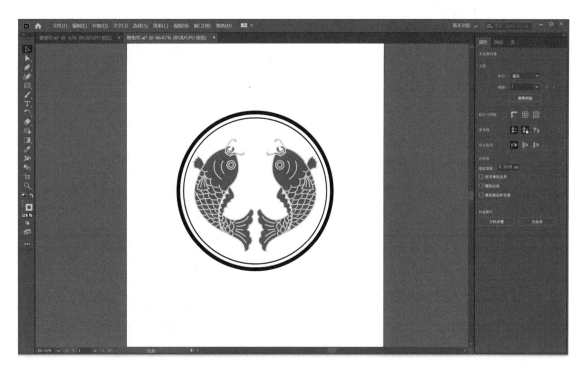

图 1-4-24　设置描边粗细及对齐方式

（22）选中外轮廓和内侧圆形，双击【描边】按钮，弹出【拾色器】对话框，将颜色设置为 R：23、G：111、B：174（见图 1-4-25），单击【确定】按钮，完成填充描边颜色，如图 1-4-26 所示。

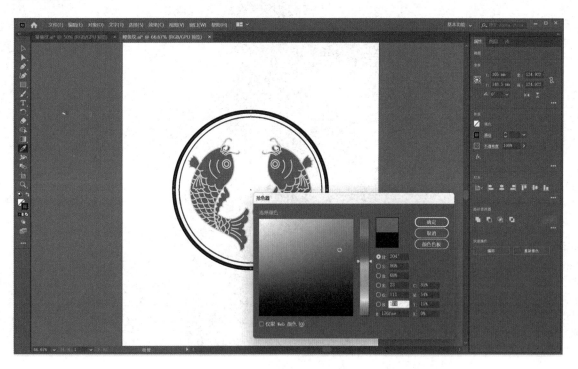

图 1-4-25　设置描边颜色 2

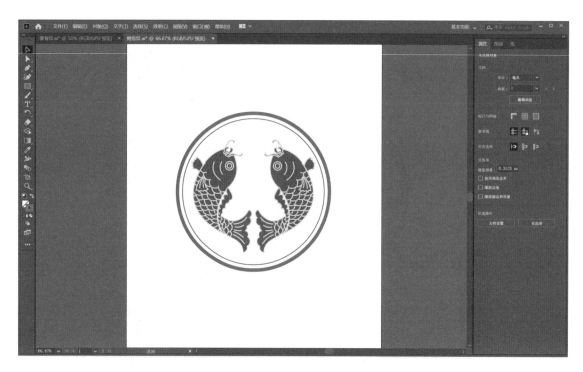

图 1-4-26　填充描边颜色

（23）使用【矩形工具】绘制一个与画布大小相等的矩形，作为背景，将填充颜色设置为 R：22、G：34、B：74，效果如图 1-4-27 所示。

图 1-4-27　设置背景颜色后的效果

　　用微课学 · Illustrator CC 图形设计与制作

（24）选中矩形并右击，在弹出的快捷菜单中选择【排列】→【置于底层】选项，如图 1-4-28 所示。

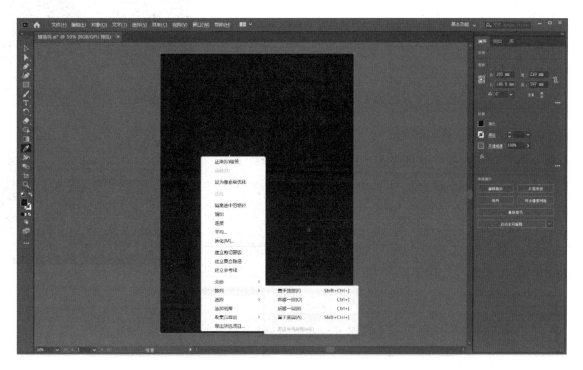

图 1-4-28　选择【排列】→【置于底层】选项

（25）背景制作完成，效果如图 1-4-29 所示。

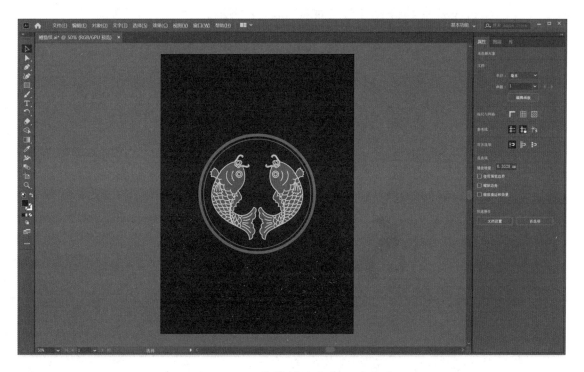

图 1-4-29　背景制作完成后的效果

鲤鱼纹最终效果如图 1-4-30 所示。

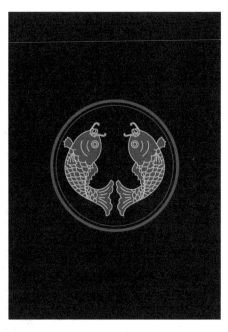

图 1-4-30　鲤鱼纹最终效果

四、小结

鲤鱼纹作为中国传统纹样之一，是一种非常经典、应用十分广泛的纹样，从古到今在漫长的岁月积淀中展现着自己独特的视觉特点。鲤鱼纹作为一种吉祥符号，与现代设计不断融合，展现出了更加符合现代审美的纹样样式，使它所具有的无畏、进取、奋斗、勇气、财运的美好寓意得以传承和发展。

本案例主要使用的工具包括【钢笔工具】、【椭圆工具】和【镜像工具】等。

五、习题：青花鲤鱼纹瓷盘装饰设计

将鲤鱼纹的颜色改为青花色，并与现代生活中常见的用品相结合，使传统纹样更大限度地应用于人们的日常生活，不仅可以延伸美好的文化寓意，还能够让人们对传统纹样有多层次的感受。青花鲤鱼纹瓷盘装饰设计效果如图 1-4-31 所示。

图 1-4-31　青花鲤鱼纹瓷盘装饰设计效果

02

第二章　自然类

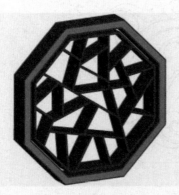

微课视频

一、文化寓意

祥云纹象征着祥瑞之气，寓意着吉祥、喜庆、幸福的愿望及对生命的美好向往。祥云纹造型独特，气韵生动，其美好吉祥的寓意让我们感受到中华民族传统文化的博大精深。祥云纹（见图 2-1-1）作为中华民族传统吉祥图案的代表之一，与龙纹一样，都是具有独特代表性的视觉符号，其不仅具有深厚的文化内涵和丰富、复杂的象征意义，还是最具生命力的艺术形式之一。

图 2-1-1　祥云纹

二、图案结构分析

祥云纹整体呈团圆造型，主体由多组漩涡形小朵云纹构成。祥云纹线稿如图 2-1-2 所示。

图 2-1-2　祥云纹线稿

（1）祥云纹整体以变幻多姿的团状朵云为主体。

（2）单朵祥云纹以旋涡形、"S"形、波形等图案构成。

三、图案设计与制作

1. 案例描述

祥云纹起源于商周时期，是富有中华民族特色的吉祥图案之一。祥云纹常被用于古代建筑、官服、瓷器等，具有生动飘逸的形态。

在制作祥云纹时，主要使用【钢笔工具】和【镜像工具】等。在绘制过程中，需要注意上下左右的对称性。

2. 制作步骤

（1）新建文件。将画布尺寸设置为210mm×297mm，【颜色模式】设置为【RGB颜色】，【光栅效果】设置为【高（300ppi）】，单击【创建】按钮，如图 2-1-3 所示。

图 2-1-3　新建文件

（2）提前绘制祥云纹草图，如图 2-1-4 所示。

图 2-1-4　祥云纹草图

（3）按 Ctrl ＋ Shift ＋ P 组合键弹出【置入】对话框，选中祥云纹草图，单击【置入】按钮，置入草图，如图 2-1-5 所示。

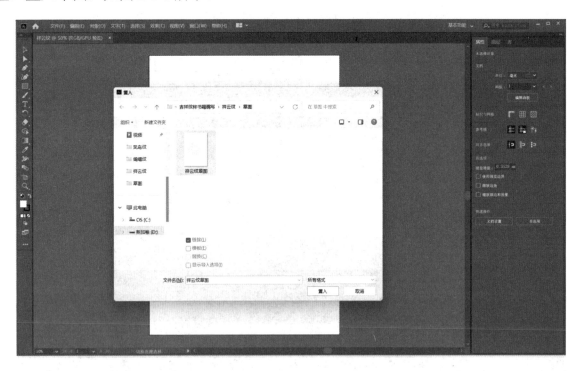

图 2-1-5　置入祥云纹草图

（4）使用鼠标拖动祥云纹草图，在画布上将草图调整至合适大小，如图 2-1-6 所示。

用微课学·Illustrator CC 图形设计与制作

图 2-1-6　调整祥云纹草图的位置和大小

（5）调整结束后，按 Ctrl ＋ 2 组合键锁定祥云纹草图，作为参考背景，效果如图 2-1-7
所示。

图 2-1-7　祥云纹草图作为参考背景的效果

（6）按住 Alt 键，同时向上滑动鼠标滚轮，以放大画布的显示比例；按住空格键，同

时按住鼠标左键将画布移动至合适的位置，如图 2-1-8 所示。

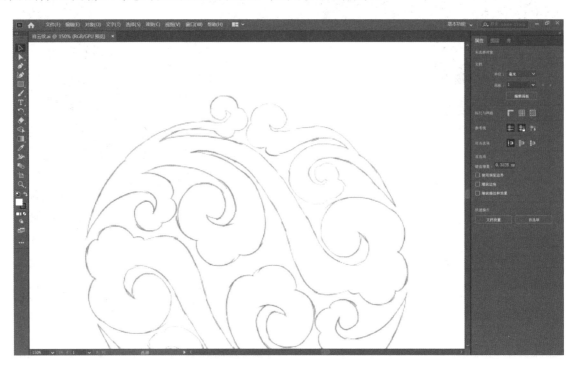

图 2-1-8　调整画布的大小和位置

（7）使用【钢笔工具】绘制线稿。在绘制过程中，可以根据实际需要调整画布的大小和方向。单击左侧工具栏中的【钢笔工具】按钮，在画布上单击确定一个起始点，如图 2-1-9 所示。

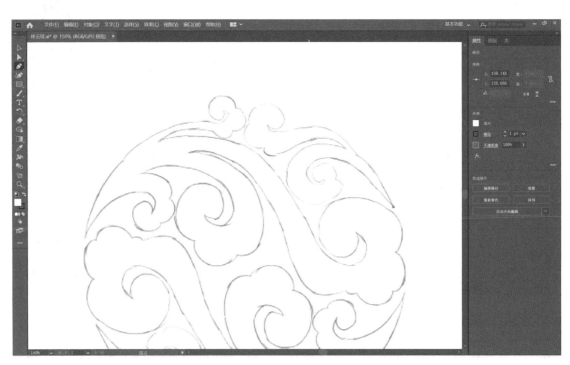

图 2-1-9　确定起始点 1

（8）单击确定目标点，在目标点上按住鼠标左键，锚点两侧会出现两个调节手柄，拖动调节手柄即可看到路径随鼠标的走向变化；参照祥云纹草图的线条将路径调整至适当的曲度，松开鼠标左键，形成线条，如图 2-1-10 所示。

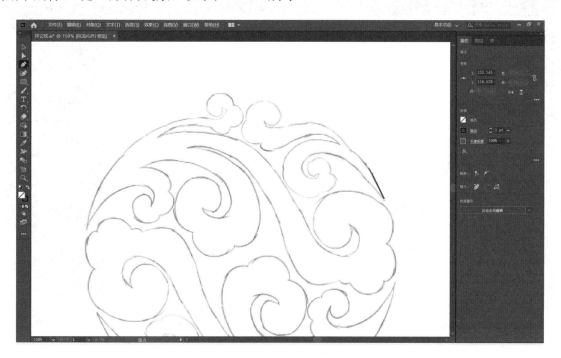

图 2-1-10　形成线条

（9）单击确定下一个目标点，按住鼠标左键并拖动鼠标，绘制与祥云纹草图弧度相符的曲线，如图 2-1-11 所示。

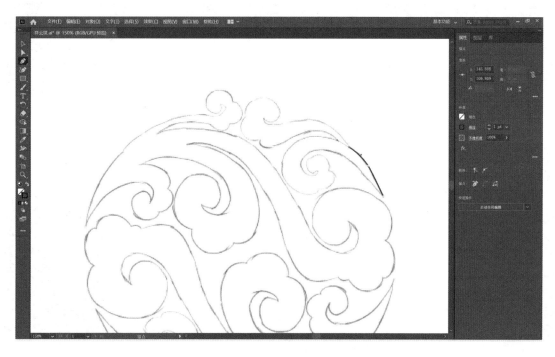

图 2-1-11　绘制曲线 1

（10）按住 Alt 键，单击步骤 9 中确定的目标点，隐藏调节手柄；继续单击确定下一个目标点，按住鼠标左键并拖动鼠标，绘制曲线，如图 2-1-12 所示。

图 2-1-12　绘制曲线 2

（11）参照祥云纹草图绘制线条，按住 Alt 键，同时使用鼠标拖动调节手柄至合适的方向，即可继续进行绘制，如图 2-1-13 所示。

图 2-1-13　改变调节手柄方向

（12）参照以上【钢笔工具】的使用方法，根据祥云纹草图进行绘制，如图 2-1-14 所示。

图 2-1-14　绘制线条

（13）当绘制祥云纹草图结尾部分（见图 2-1-15）时，单击起始点，起始点上会出现锚点的指示，表示可以闭合路径。

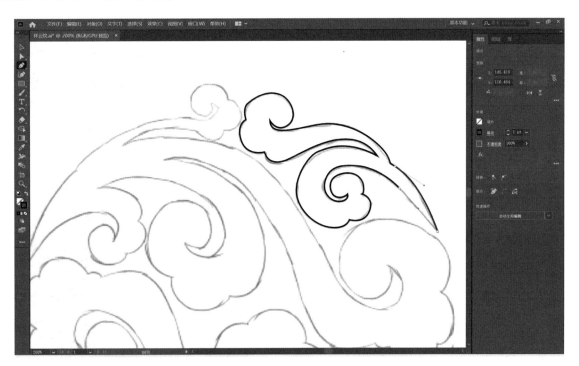

图 2-1-15　祥云纹草图结尾部分

（14）选中起始点，使用鼠标移动起始点以调整曲线，形成闭合路径，如图 2-1-16 所示。

图 2-1-16　闭合路径 1

（15）一个闭合路径绘制完成，接下来绘制下一个闭合路径。按住空格键，同时按住鼠标左键，将画布移动至合适的位置，如图 2-1-17 所示。

图 2-1-17　移动画布的位置

　用微课学 · Illustrator CC 图形设计与制作

（16）单击左侧工具栏中的【钢笔工具】按钮，在下一个闭合路径的位置单击确定起始点，如图 2-1-18 所示。

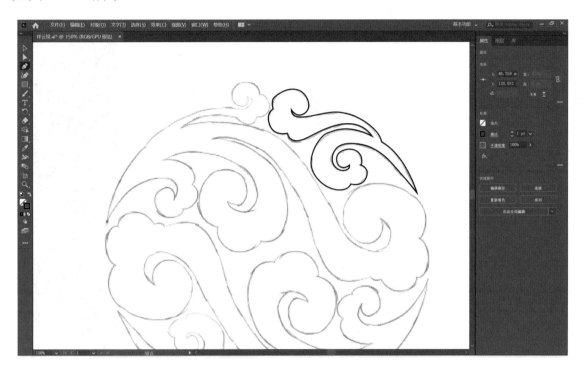

图 2-1-18　确定起始点 2

（17）单击确定目标点，按住鼠标左键并拖动鼠标，绘制曲线，如图 2-1-19 所示。

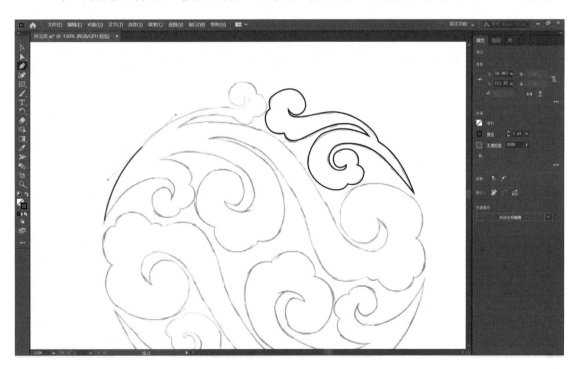

图 2-1-19　绘制曲线 3

（18）按住 Alt 键，同时使用鼠标拖动调节手柄至合适位置；单击确定目标点，继续绘制曲线，如图 2-1-20 所示。

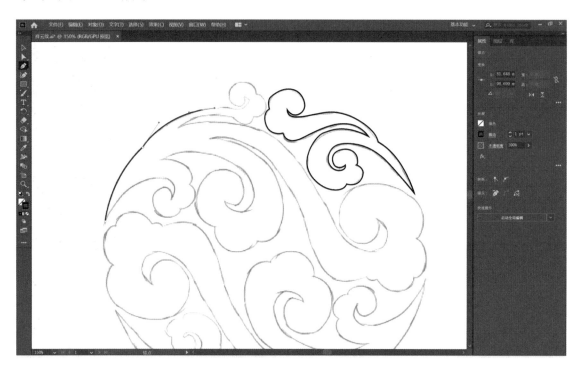

图 2-1-20　绘制曲线 4

（19）参照以上【钢笔工具】的使用方法继续进行绘制，从而形成一个闭合路径，如图 2-1-21 所示。

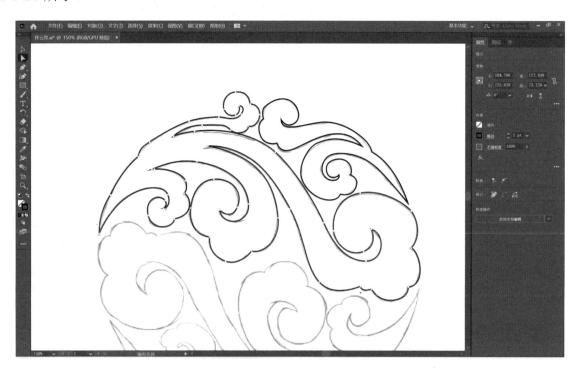

图 2-1-21　闭合路径 2

（20）选中绘制好的两个闭合路径，选择【窗口】→【外观】选项，弹出【外观】对话框，如图 2-1-22 所示。

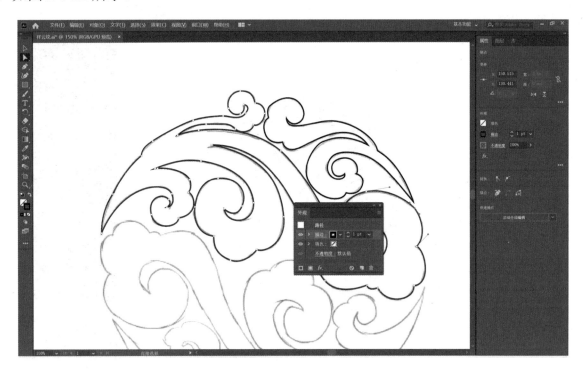

图 2-1-22　【外观】对话框

（21）单击【路径】选区中的【描边】按钮，弹出【描边】对话框，如图 2-1-23 所示。

图 2-1-23　【描边】对话框

（22）在【描边】对话框中，将【端点】设置为【圆头端点】，【边角】设置为【圆角连接】，效果如图 2-1-24 所示。

图 2-1-24　调整描边后的效果

（23）适当调整已经绘制好的图形，选中需要调整的锚点，修改锚点的位置并调整调节手柄，使曲线流畅，效果如图 2-1-25 所示。

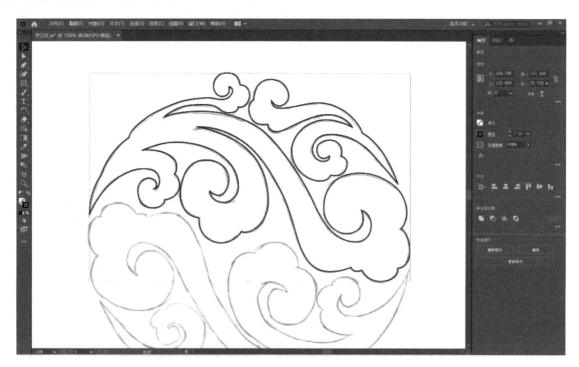

图 2-1-25　调整曲线后的效果

（24）选中绘制好的图形，按 Ctrl ＋ C 组合键进行复制，按 Ctrl ＋ F 组合键原位粘贴，如图 2-1-26 所示。

图 2-1-26　原位粘贴

（25）右击原位粘贴的图形，在弹出的快捷菜单中选择【变换】→【镜像】选项，弹出【镜像】对话框，如图 2-1-27 所示。

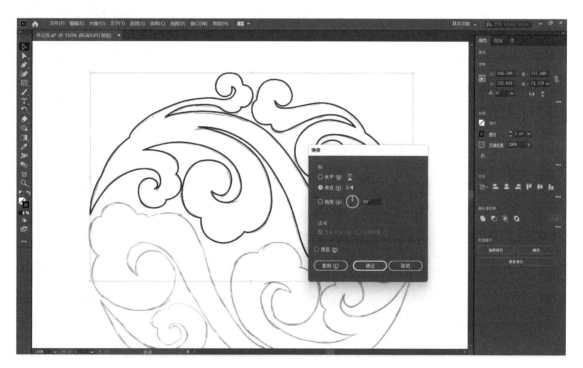

图 2-1-27　【镜像】对话框

（26）在【镜像】对话框中，选中【水平】单选按钮，单击【确定】按钮，效果如图 2-1-28 所示。

图 2-1-28　水平镜像后的效果

（27）右击水平镜像后的图形，在弹出的快捷菜单中选择【变换】→【镜像】选项，在弹出的【镜像】对话框中选中【垂直】单选按钮，效果如图 2-1-29 所示。

图 2-1-29　垂直镜像后的效果

（28）按方向键将垂直镜像的图形移动至合适位置，形成对称图形，如图 2-1-30 所示。

　用微课学·Illustrator CC 图形设计与制作

图 2-1-30 形成对称图形

（29）按 Ctrl ＋ Alt ＋ 2 组合键取消锁定祥云纹草图，按删除键删除草图。祥云纹线稿绘制完成，如图 2-1-31 所示。

图 2-1-31 祥云纹线稿

（30）选中绘制好的祥云纹线稿，单击【渐变】按钮，弹出【渐变】对话框，双击渐变滑块左侧色块，在弹出的对话框中将颜色设置为 R：233、G：131、B：126；双击渐变滑块右侧色块，在弹出的对话框中将颜色设置为 R：69、G：147、B：160；单击渐变滑块的中间位置，添加一个色块，并将颜色设置为 R：230、G：220、B：210；单击渐变滑块的中间位置，添加一个色块，并将颜色设置为 R：130、G：220、B：185，不透明度设置为 100%，位置设置为 76%；将【类型】设置为【线性渐变】，【角度】设置为 0°，效果如图 2-1-32 所示。

图 2-1-32　设置渐变颜色后的效果

（31）单击【描边】按钮，弹出【描边】对话框，将描边颜色设置为 R：251、G：221、B：107，【粗细】设置为 2pt，【端点】设置为【圆头端点】，【边角】设置为【圆角连接】，【对齐描边】设置为【使描边外侧对齐】，效果如图 2-1-33 所示。

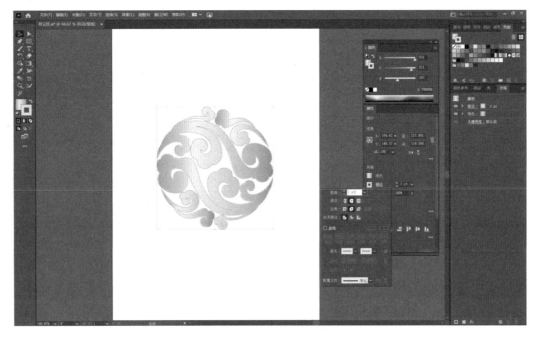

图 2-1-33　设置描边后的效果

　用微课学·Illustrator CC 图形设计与制作

（32）使用【矩形工具】绘制一个与画布大小相等的矩形，作为背景；单击【渐变】按钮，弹出【渐变】对话框，双击渐变滑块左侧色块，在弹出的对话框中将颜色设置为R：117、G：152、B：192；双击渐变滑块右侧色块，在弹出的对话框中将颜色设置为R：166、G：213、B：231，效果如图 2-1-34 所示。

图 2-1-34　设置背景颜色后的效果

（33）选中矩形并右击，在弹出的快捷菜单中选择【排列】→【置于底层】选项，如图 2-1-35 所示。

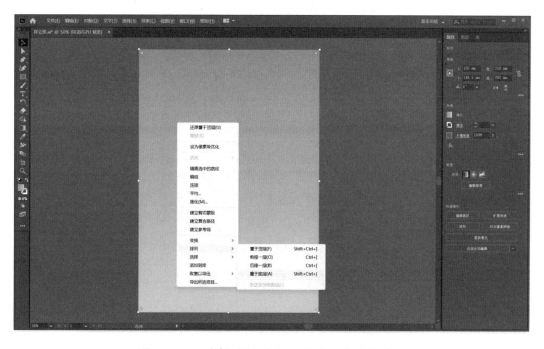

图 2-1-35　选择【排列】→【置于底层】选项

（34）背景制作完成，效果如图 2-1-36 所示。

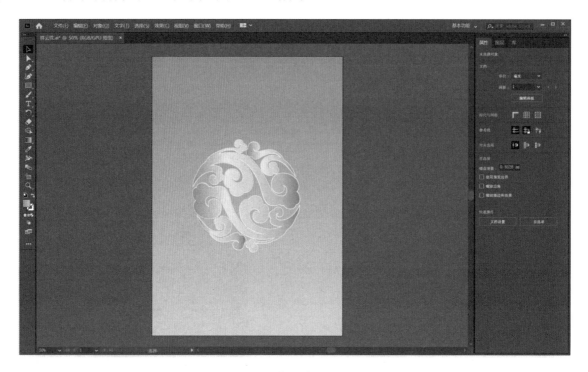

图 2-1-36　背景制作完成后的效果

祥云纹最终效果如图 2-1-37 所示。

图 2-1-37　祥云纹最终效果

　用微课学·Illustrator CC 图形设计与制作

四、小结

本案例介绍了祥云纹的绘制方法，以及【钢笔工具】和【镜像工具】的使用方法。

五、习题：祥云纹靠枕装饰设计

将祥云纹应用于家居装饰产品，通过【钢笔工具】、【椭圆工具】、【镜像工具】和【吸管工具】等完成装饰设计。祥云纹靠枕装饰设计效果如图 2-1-38 所示。

图 2-1-38　祥云纹靠枕装饰设计效果

案例二　冰裂纹

微课视频

一、文化寓意

冰裂纹是一种源远流长的古老陶瓷烧制工艺，其以精美绝伦的纹理和形态，在中华民族传统工艺美术中独树一帜。冰裂纹（见图 2-2-1）是一种没有规律的纹样，常常纵横交错，无法被复制。每件器物上的冰裂纹都是独一无二的，展示出无限的自然之美。

图 2-2-1　冰裂纹

二、图案结构分析

冰裂纹在中华民族传统文化中有着深刻的象征意义，其寓意着冰雪消融、万物复苏，代表着春回大地、生命力量的焕发。冰裂纹线稿如图 2-2-2 所示。

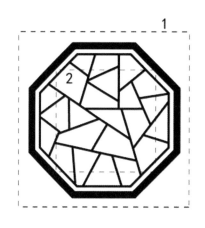

图 2-2-2　冰裂纹线稿

（1）冰裂纹是瓷器釉面的一种自然开裂的纹理，高温烧制的瓷器在骤冷过程中通常会形成此纹理。

（2）冰裂纹通常呈现出分支状的形态，并且裂纹深浅不等、方向不一、长短各异。这是由于裂纹在生成时会沿着最薄弱的部分扩展，形成分支，从而产生立体效果。

三、图案设计与制作

1. 案例描述

冰裂纹又被称为冰格纹、开片，原属于龙泉青瓷中的一个类型。冰裂纹的纹片如同冰裂开一般，裂片层层叠叠，呈现出立体感。

在制作冰裂纹时，主要使用【多边形工具】和【路径查找器工具】等。在绘制过程中，需要注意线条的粗细和疏密度，以达到舒适的视觉效果。

2. 制作步骤

（1）新建文件。将画布尺寸设置为 210mm×297mm，【颜色模式】设置为【RGB 颜色】，【光栅效果】设置为【高（300ppi）】，单击【创建】按钮，如图 2-2-3 所示。

图 2-2-3 新建文件

（2）使用【多边形工具】绘制八边形。单击左侧工具栏中的【多边形工具】按钮，在
画布空白处双击，弹出【多边形】对话框（见图 2-2-4），将【边数】设置为 8，单击【确定】
按钮，如图 2-2-5 所示。

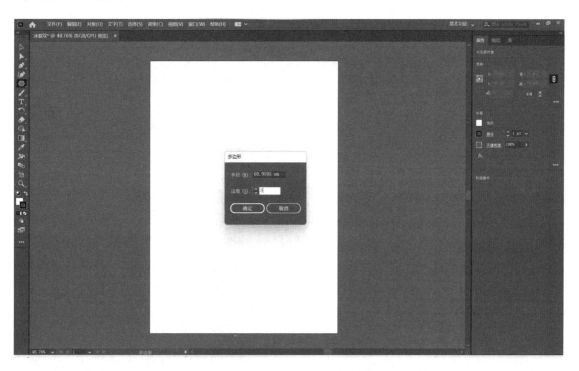

图 2-2-4 【多边形】对话框

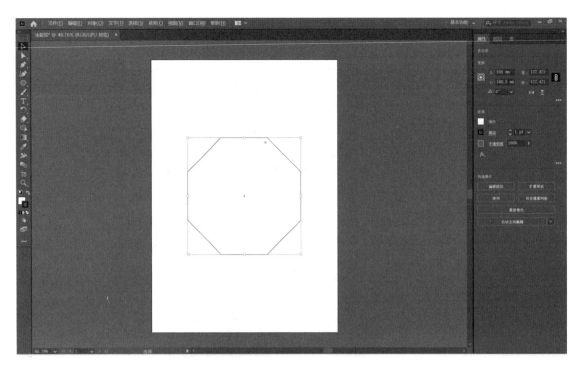

图 2-2-5　绘制八边形

（3）按 Ctrl+C 组合键复制八边形，按 Ctrl+F 组合键原位粘贴，按住 Shift+Alt 组合键，同时按住鼠标左键并拖动鼠标，缩小八边形至合适的大小（见图 2-2-6）；按 Alt ＋ A 组合键全选两个八边形（见图 2-2-7），选择【窗口】→【路径查找器】选项，弹出【路径查找器】对话框（见图 2-2-8），单击【减去顶层】按钮（见图 2-2-9），形成八边形，如图 2-2-10 所示。

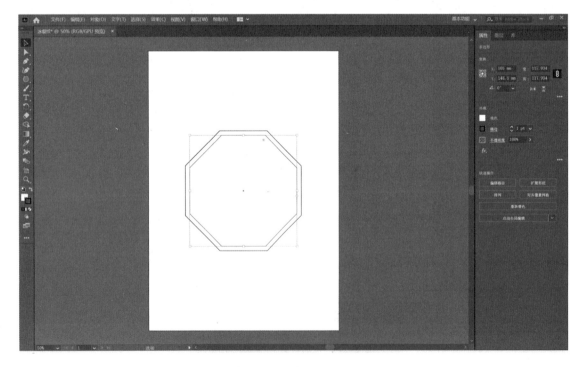

图 2-2-6　缩小八边形

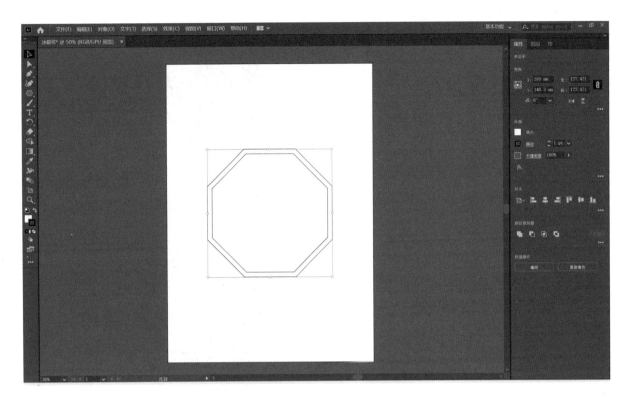

图 2-2-7　全选两个八边形

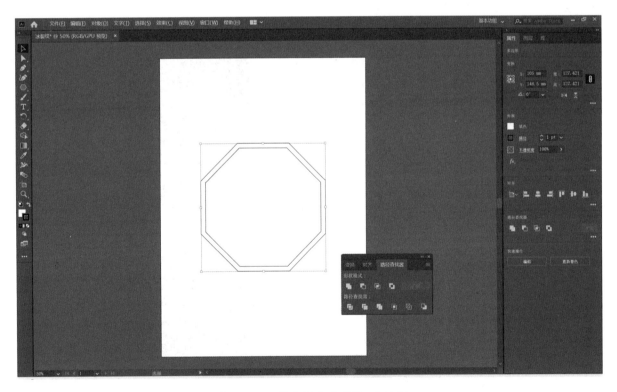

图 2-2-8　【路径查找器】对话框

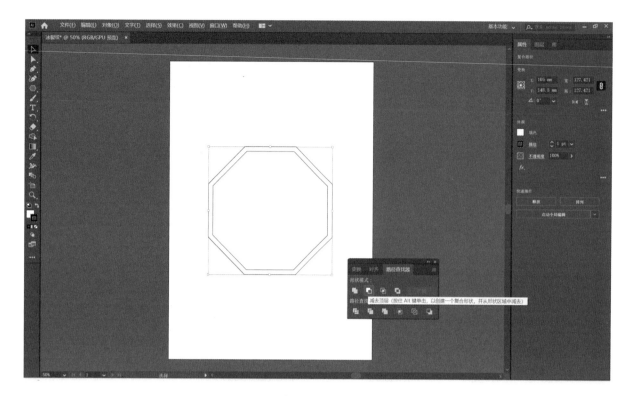

图 2-2-9　单击【减去顶层】按钮

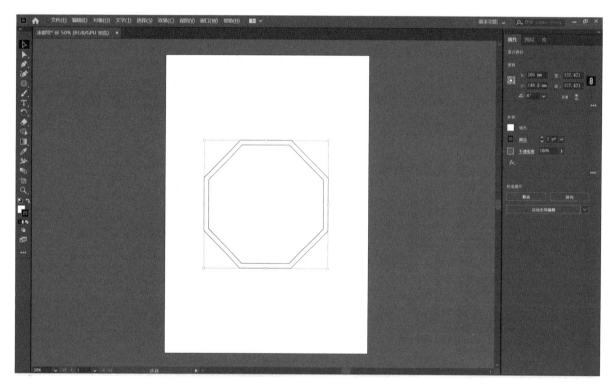

图 2-2-10　八边形

（4）将八边形的填充颜色设置为R：169、G：129、B：94，描边颜色设置为R：109、G：70、B：43，描边粗细设置为3pt，效果如图 2-2-11 所示。

　　用微课学·Illustrator CC 图形设计与制作

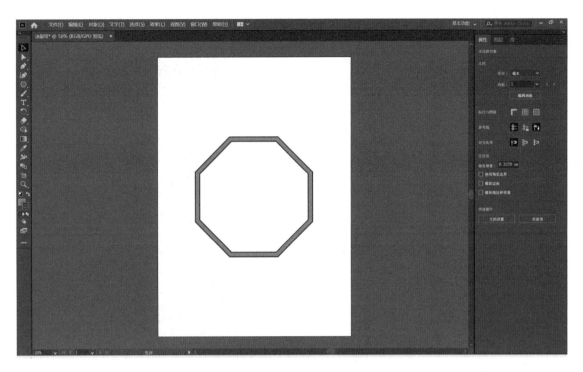

图 2-2-11　设置填充颜色和描边后的八边形的效果

（5）参照以上【多边形工具】的使用方法绘制第三个八边形，并将其缩小至合适的大小（见图 2-2-12），将描边颜色设置为 R：109、G：70、B：43，描边粗细设置为 5pt，效果如图 2-2-13 所示。

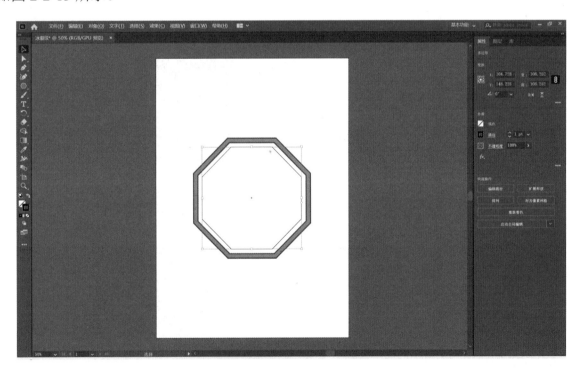

图 2-2-12　第二个八边形

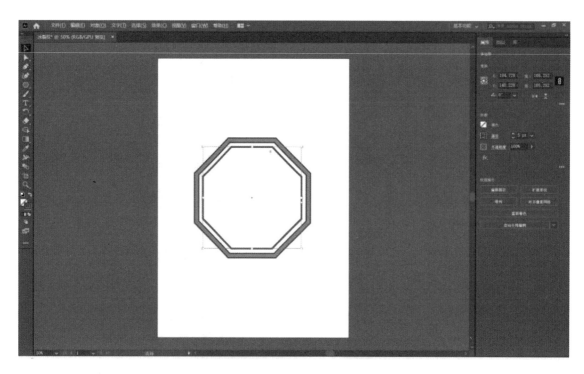

图 2-2-13　设置描边后的八边形的效果

（6）使用【钢笔工具】绘制冰裂纹线条（见图 2-2-14 和图 2-2-15），形成闭合路径；根据图 2-2-2，使用同样的方法继续绘制其他线条，在绘制过程中可以进行适当调整，形成冰裂纹，效果如图 2-2-16 所示。

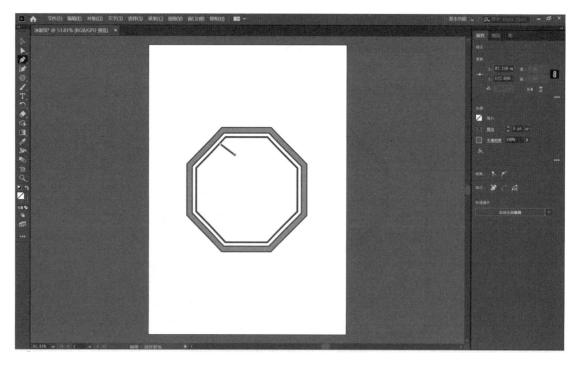

图 2-2-14　使用【钢笔工具】绘制冰裂纹线条 1

　用微课学 · Illustrator CC 图形设计与制作

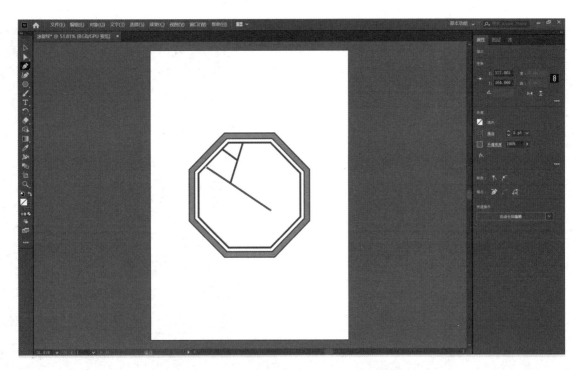

图 2-2-15　使用【钢笔工具】绘制冰裂纹线条 2

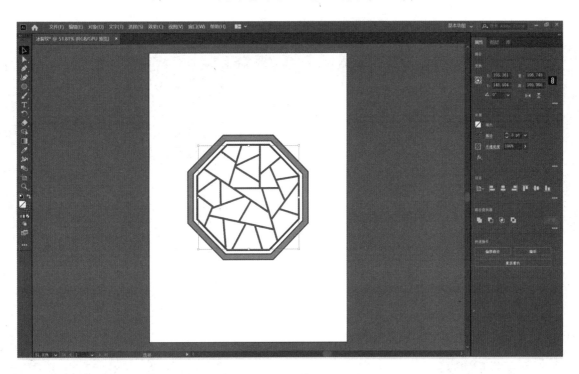

图 2-2-16　冰裂纹的效果

（7）使用【矩形工具】绘制一个与画布大小相等的矩形，作为背景，并将填充颜色设置为 R：224、G：216、B：203，效果如图 2-2-17 所示；选中矩形并右击，在弹出的快捷菜单中选择【排列】→【置于底层】选项（见图 2-2-18），背景制作完成，效果如图 2-2-19 所示。

图 2-2-17　设置背景颜色后的效果

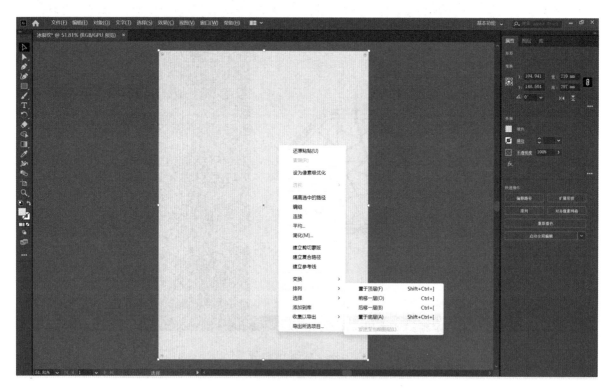

图 2-2-18　选择【排列】→【置于底层】选项

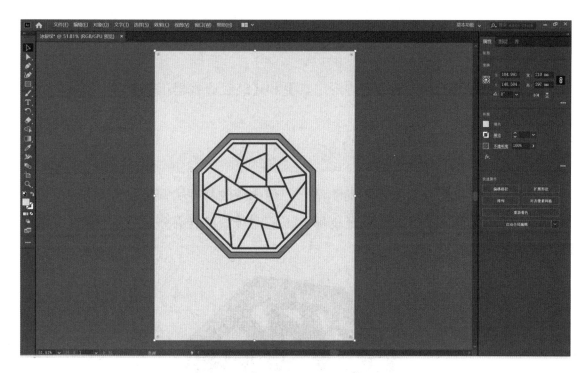

图 2-2-19　背景制作完成后的效果

冰裂纹最终效果如图 2-2-20 所示。

图 2-2-20　冰裂纹最终效果

四、小结

冰裂纹原是瓷器烧制中出现的缺陷，但是在宋人眼中却是一种十分难得的残缺美。于是，宋人赋予了冰裂纹美学上的意义。由此，制瓷工匠们便开始有意识地利用瓷器开裂的规律来制造冰裂纹。

本案例主要使用的工具包括【多边形工具】和【路径查找器工具】等。

五、习题：冰裂纹窗户装饰设计

将冰裂纹与现代生活中常见的物品相结合，使传统纹样更大限度地应用于人们的日常生活，不仅可以传承美好的文化寓意，还能够让人们对传统纹样有多层次的感受。冰裂纹窗户装饰设计效果如图 2-2-21 所示。

图 2-2-21　冰裂纹窗户装饰设计效果

案例三　松树纹

一、文化寓意

松树纹是一种自宋代以后常见的瓷器装饰纹样，不仅具有阳刚之美，其枝干还具有柔中有刚的特征，叶群给人清新脱俗之感。松树是中华民族心目中的吉祥树，也是常青不老的象征。松树纹如图 2-3-1 所示。松树四季常青，给人一种生机蓬勃、活力四射的感觉，并且其寿命较长，可以存活上百年，象征着长寿。古人常赠送包含松树、白鹤的水墨画用于祝寿，代表松鹤延年的寓意，希望长辈延年益寿、身体健康。松树是百木之长，经冬不凋，通常与梅、竹组成岁寒三友。

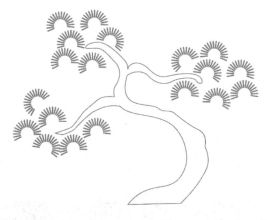

图 2-3-1　松树纹

二、图案结构分析

松树枝干的造型一般以直、挺和曲结合，体现俊美、挺秀的特质，其形态分为扇状、车轮状和马尾状等。此外，通过品字形结构可以组合成一组松针。松叶的形态因种类而异，有的呈细长的针状，有的呈粗短的针状。松树纹线稿如图 2-3-2 所示。

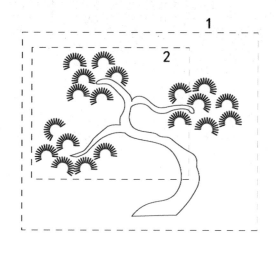

图 2-3-2　松树纹线稿

（1）松树纹是描绘松树、松叶的装饰纹样。松树四季常青，被人们寄予了傲骨铮铮的品格和长寿健康的期望，松树纹的寓意也是如此。

（2）松树树干多呈现苍老盘曲却坚毅有力的特质，松叶呈针状排列，形态宛如扇叶。

三、图案设计与制作

1. 案例描述

在制作松树纹时，主要使用【钢笔工具】和【画笔工具】等。在绘制过程中，需要注意线条的疏密度；在填充颜色过程中，需要注意色彩的搭配。

2. 制作步骤

（1）新建文件。将画布尺寸设置为210mm×297mm，【颜色模式】设置为【RGB 颜色】，【光栅效果】设置为【高（300ppi）】，单击【创建】按钮，如图 2-3-3 所示。

图 2-3-3　新建文件

（2）提前绘制松树纹草图，如图 2-3-4 所示。

（3）按 Ctrl ＋ Shift ＋ P 组合键弹出【置入】对话框，选中松树纹草图，单击【置入】按钮，置入草图，如图 2-3-5 所示。

（4）使用鼠标拖动松树纹草图，在画布上将草图调整至合适大小，如图 2-3-6 所示。

图 2-3-4　松树纹草图

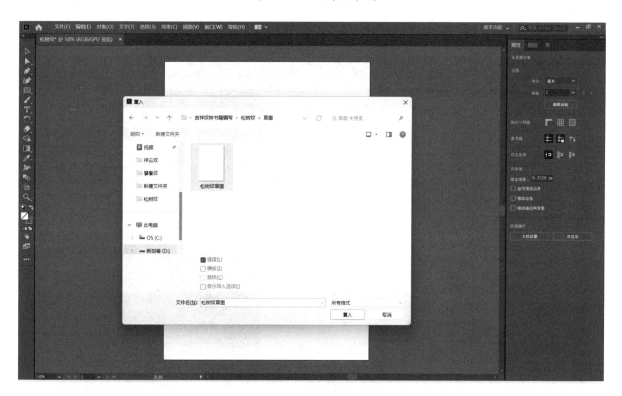

图 2-3-5　置入松树纹草图

图 2-3-6　调整松树纹草图的大小

（5）调整结束后，按 Ctrl ＋ 2 组合键锁定松树纹草图，作为参考背景，效果如图 2-3-7 所示。

图 2-3-7　松树纹草图作为参考背景的效果

（6）按住 Alt 键，同时向上滑动鼠标滚轮，以放大画布的显示比例；按住空格键，同时按住鼠标左键将画布移动至合适的位置，如图 2-3-8 所示。

　用微课学·Illustrator CC 图形设计与制作

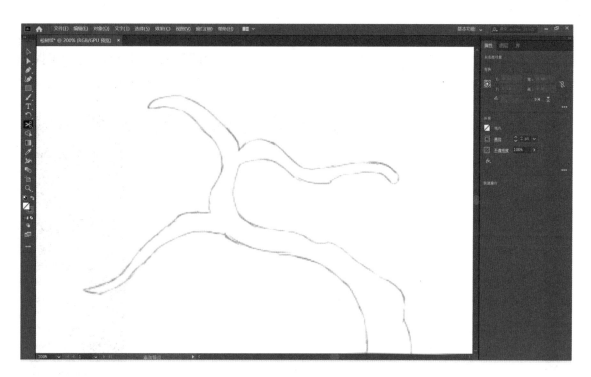

图 2-3-8 调整画布的大小和位置

（7）使用【钢笔工具】绘制线稿。在绘制过程中，可以根据实际需要调整画布的大小和方向。单击左侧工具栏中的【钢笔工具】按钮，在画布上单击确定一个起始点，如图 2-3-9所示。

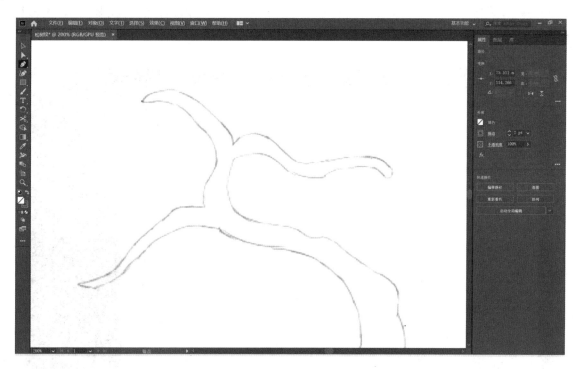

图 2-3-9 确定起始点

（8）参照松树纹草图，在画布适当位置单击确定目标点，在目标点上按住鼠标左键，锚点两侧会出现两个调节手柄，拖动调节手柄即可看到路径随鼠标的走向变化；参照松树纹草图的线条将路径调整至适当的曲度，松开鼠标左键，形成曲线，如图 2-3-10 所示。

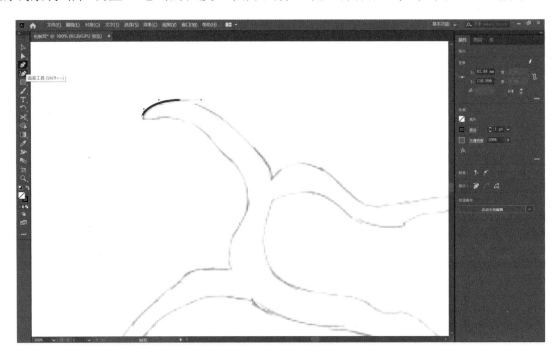

图 2-3-10　形成曲线

（9）单击确定下一个目标点，按住鼠标左键并拖动鼠标，绘制与松树纹草图弧度相符的曲线，如图 2-3-11 所示。

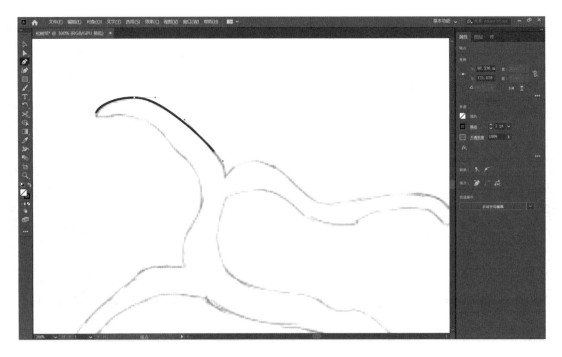

图 2-3-11　绘制曲线

（10）参照以上【钢笔工具】的使用方法，完成松树树干部分线条的绘制。在绘制过程中需要注意线条的流畅性。松树树干绘制完成，效果如图 2-3-12 所示。按 Ctrl+Alt 组合键取消锁定松树纹草图，并按删除键删除草图。

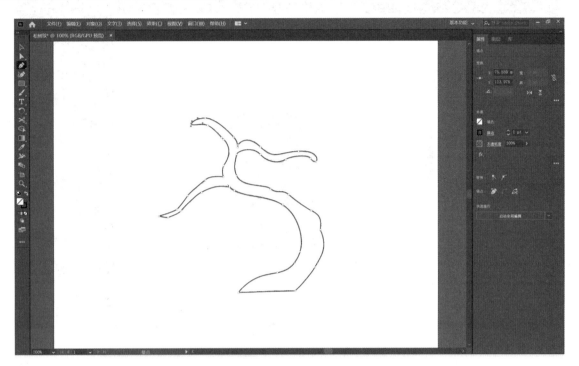

图 2-3-12　松树树干绘制完成的效果

（11）使用【钢笔工具】在画布的空白部分绘制一条较短的直线，如图 2-3-13 所示。

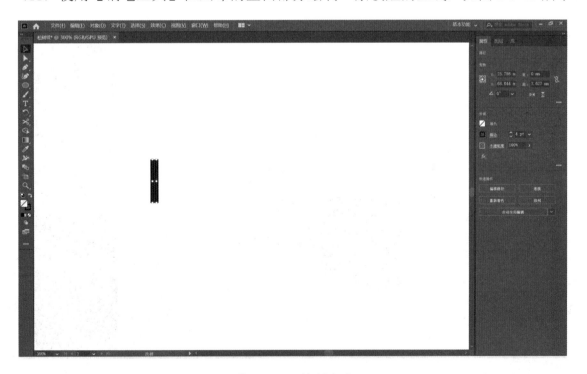

图 2-3-13　绘制直线

（12）选择【窗口】→【描边】选项，弹出【描边】对话框，将【粗细】设置为4pt，【端点】设置为【圆头端点】，【边角】设置为【圆角连接】，如图2-3-14所示。

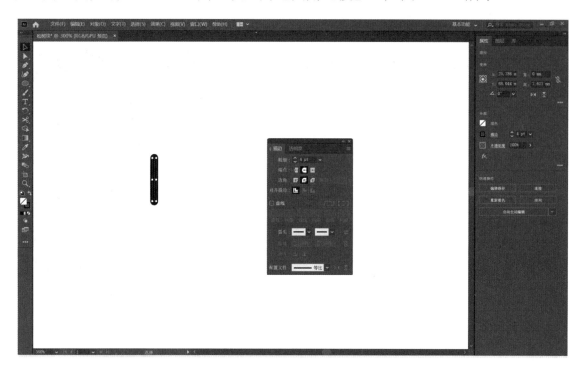

图 2-3-14　设置描边

（13）选择【窗口】→【画笔】选项，弹出【画笔】对话框，将刚才绘制的直线拖动到【画笔】对话框中，弹出【新建画笔】对话框，如图2-3-15所示。

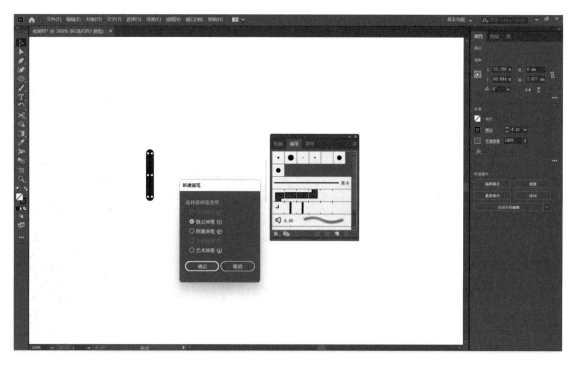

图 2-3-15　【新建画笔】对话框

用微课学·Illustrator CC 图形设计与制作

（14）在【新建画笔】对话框中，选中【图案画笔】单选按钮，单击【确定】按钮，弹出【图案画笔选项】对话框，如图 2-3-16 所示。

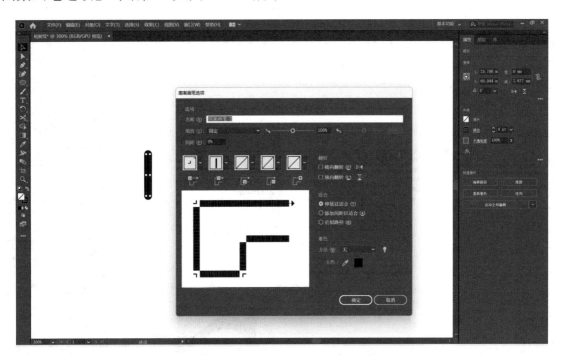

图 2-3-16　【图案画笔选项】对话框

（15）在【图案画笔选项】对话框中，将【间距】设置为90%，单击【确定】按钮。单击【椭圆工具】按钮，按住 Shift 键，同时按住鼠标左键并拖动鼠标，绘制一个大小适当的圆形，如图 2-3-17 所示。

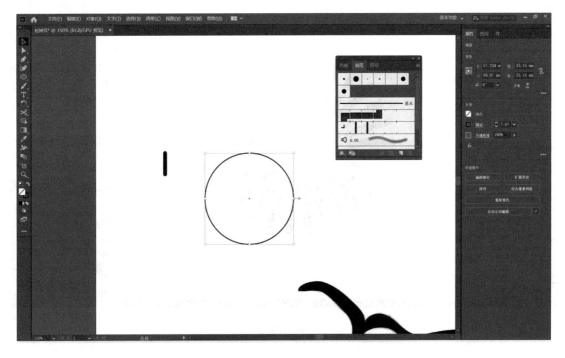

图 2-3-17　绘制圆形

（16）单击【画笔】对话框中刚才新建的画笔，将新建画笔的效果应用到被选中的圆形上，形成圆圈，效果如图 2-3-18 所示。

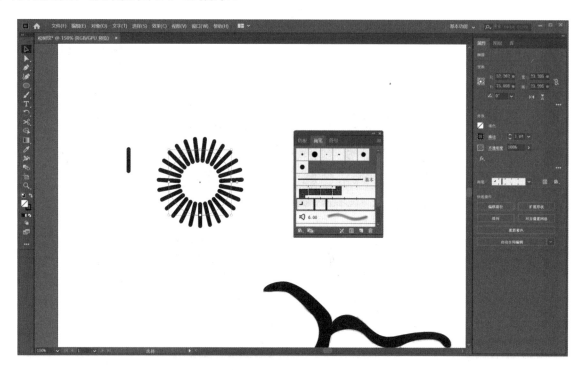

图 2-3-18　圆圈效果

（17）使用【钢笔工具】在圆圈的下方添加两个锚点，如图 2-3-19 所示。

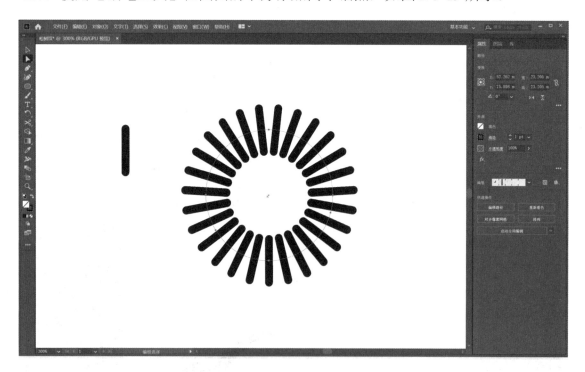

图 2-3-19　添加锚点

　用微课学 · Illustrator CC 图形设计与制作

（18）使用【直接选择工具】选中圆圈下方的锚点，按删除键将其删除（见图 2-3-20），形成松叶。

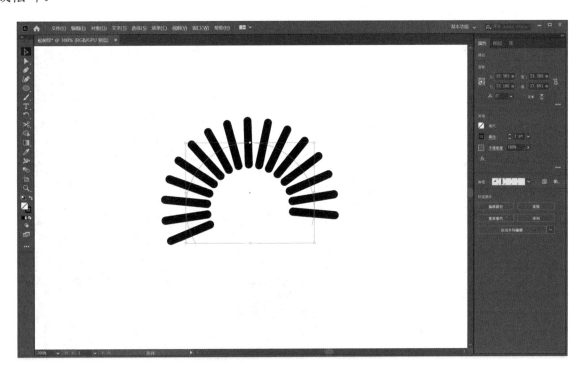

图 2-3-20　删除锚点

（19）复制绘制好的松叶，并将其放在树干的适当位置。松树纹绘制完成，效果如图 2-3-21 所示。

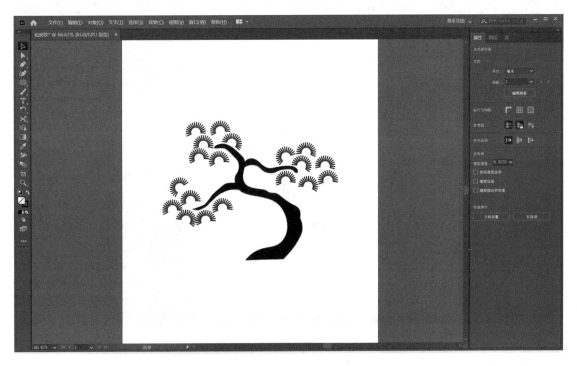

图 2-3-21　松树纹的效果

（20）选中松树纹的树干部分，双击【填色】按钮，弹出【拾色器】对话框，将颜色设置为 R：178、G：51、B：6，如图 2-3-22 所示。

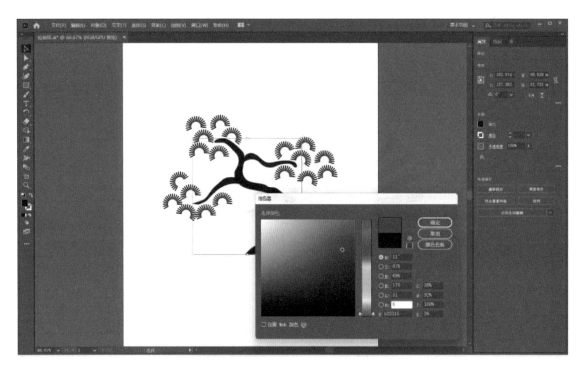

图 2-3-22　设置填充颜色 1

（21）单击【确定】按钮，完成颜色填充，如图 2-3-23 所示。

图 2-3-23　完成颜色填充

　用微课学·Illustrator CC 图形设计与制作

（22）双击【描边】按钮，弹出【拾色器】对话框，将颜色设置为 R：234、G：226、B：80（见图 2-3-24），单击【确定】按钮，完成描边颜色的设置。

图 2-3-24　设置描边颜色

（23）设置描边粗细及对齐方式。将【粗细】设置为 1pt，【对齐描边】设置为【使描边外侧对齐】，如图 2-3-25 所示。

图 2-3-25　设置描边粗细及对齐方式

（24）选中松树纹的树叶部分，双击【填色】按钮，弹出【拾色器】对话框，将颜色设置为 R：70、G：140、B：104，单击【确定】按钮，如图 2-3-26 所示。

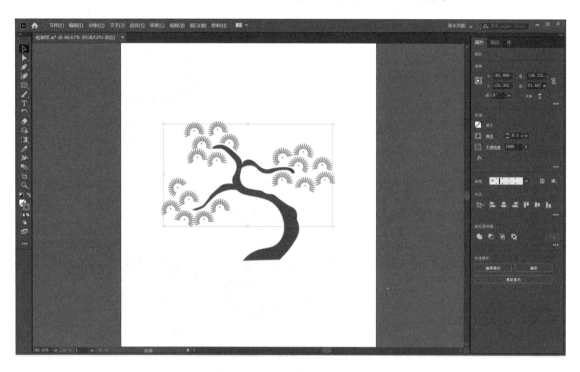

图 2-3-26　设置填充颜色 2

（25）使用【矩形工具】绘制一个与画布大小相等的矩形，作为背景，并将填充颜色设置为 R：229、G：245、B：224，效果如图 2-3-27 所示。

图 2-3-27　设置背景颜色后的效果

（26）选中矩形并右击，在弹出的快捷菜单中选择【排列】→【置于底层】选项，如图 2-3-28 所示。

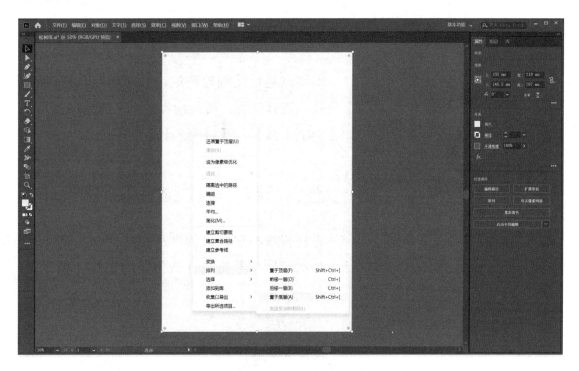

图 2-3-28　选择【排列】→【置于底层】选项

（27）背景制作完成，效果如图 2-3-29 所示。

图 2-3-29　背景制作完成后的效果

松树纹最终效果如图 2-3-30 所示。

图 2-3-30　松树纹最终效果

四、小结

本案例通过绘制松树纹，针对松叶、树枝的绘制与上色技巧进行训练，帮助读者熟练掌握绘图技巧和工具，如【钢笔工具】、【画笔工具】等。

五、习题：松树纹团扇装饰设计

将松树纹与现代文创产品相结合，并应用于团扇设计。松树纹团扇装饰设计效果如图 2-3-31 所示。

图 2-3-31　松树纹团扇装饰设计效果

案例四　水波纹

一、文化寓意

水波纹又被称为海波纹。水可以滋养万物，给予万物福祉，因此水波纹被人们赋予了厚德载物、海纳百川的寓意。波涛汹涌的水波纹给人一种气势磅礴的感觉。在古代，水波纹多用于龙袍、蟒袍，官服的袖口、下摆，常与龙纹、蟒纹、凤纹等配合使用，作为身份的象征。由水波纹与山石组成的"海水江崖纹"，象征江山，有一统江山、福山寿海、江山永固之意。水波纹如图 2-4-1 所示。

图 2-4-1　水波纹

二、图案结构分析

水纹通常有水波纹和浪花纹两种形式。水波纹刻画的是水波，由多条并行的曲线组成，形成"S"形、鳞形、旋涡形等流动状态，具有抽象、动感的特点。水波纹线稿如图 2-4-2 所示。浪花纹刻画的是浪花，以泛起的浪花表现波涛汹涌的水面，具有具象、写实的特点。

图 2-4-2　水波纹线稿

（1）立水纹是指由斜向对称排列的或曲或直的浪潮（又被称为"水脚"），水势从上到下形成的波浪样式。

（2）平水纹是指位于立水纹之下，呈螺旋卷曲或弧形排列的鳞状海波，水平向左或向右的波浪样式。

三、图案设计与制作

1. 案例描述

在制作水波纹时，主要使用【钢笔工具】、【椭圆工具】【渐变工具】和【实时上色工具】等。在绘制过程中，需要注意线条之间的关系；在填充颜色过程中，使用【实时上色工具】和【渐变工具】。【实时上色工具】可以让上色过程更加迅速、便捷。

2. 制作步骤

（1）新建文件。将画布尺寸设置为 210mm×297mm，【颜色模式】设置为【RGB 颜色】，【光栅效果】设置为【高（300ppi）】，单击【创建】按钮，如图 2-4-3 所示。

图 2-4-3　新建文件

（2）使用【椭圆工具】绘制一个直径为 120mm 的圆形。单击左侧工具栏中的【椭圆工具】按钮，在画布的空白处单击，弹出【椭圆】对话框，如图 2-4-4 所示。

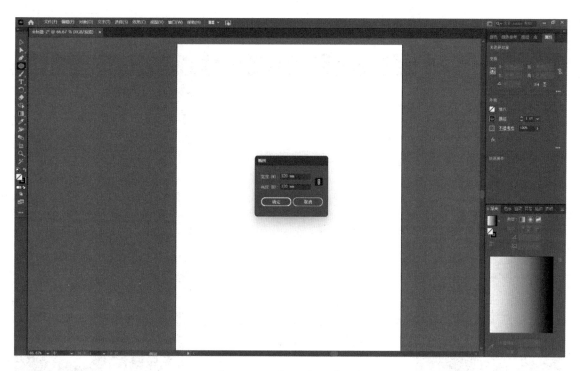

图 2-4-4　【椭圆】对话框

（3）分别将【宽度】和【高度】设置为 120mm，单击【确定】按钮，绘制直径为120mm 的圆形，如图 2-4-5 所示。

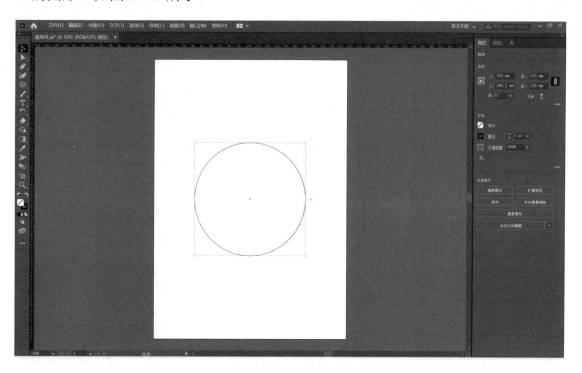

图 2-4-5　绘制圆形

（4）按 Ctrl ＋ R 组合键调出标尺，分别从标尺的上方和左侧拖出一条参考线，放在圆形的中间位置，如图 2-4-6 所示。

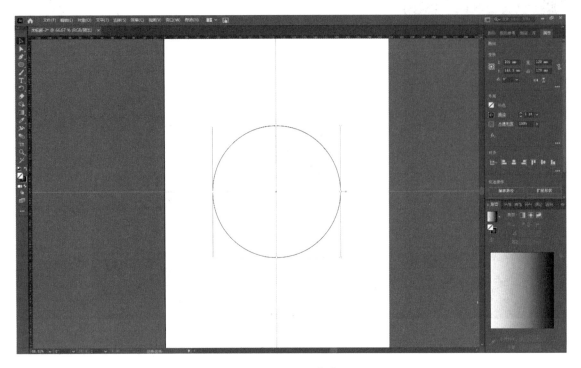

图 2-4-6　添加参考线

（5）选中圆形，将描边粗细设置为 5pt，如图 2-4-7 所示。

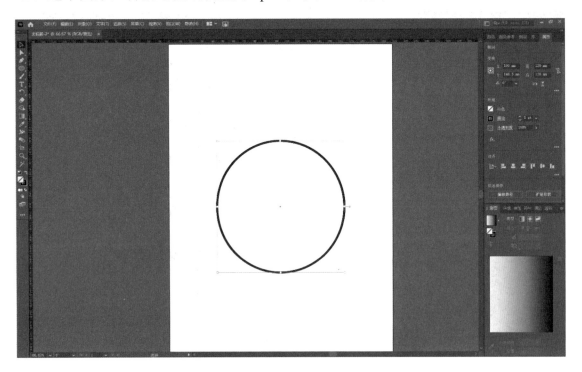

图 2-4-7　设置线条粗细

（6）按住 Alt 键，同时向上滑动鼠标滚轮，以放大画布的显示比例；按住空格键，同

时按住鼠标左键，将画布移动至合适的位置，如图 2-4-8 所示。

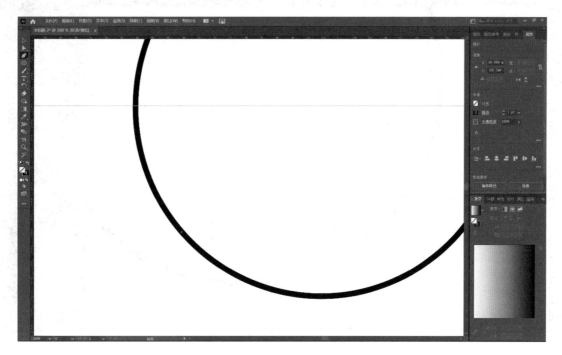

图 2-4-8　调整画布的大小和位置

（7）使用【钢笔工具】绘制左侧水波纹。单击左侧工具栏中的【钢笔工具】按钮，在画布上单击确定一个起始点，继续单击确定目标点。在目标点上按住鼠标左键，锚点两侧会出现两个调节手柄，拖动调节手柄即可看到路径随鼠标的走向变化。将路径调整至适当曲度（见图 2-4-9），松开鼠标左键，形成曲线，如图 2-4-10 所示。

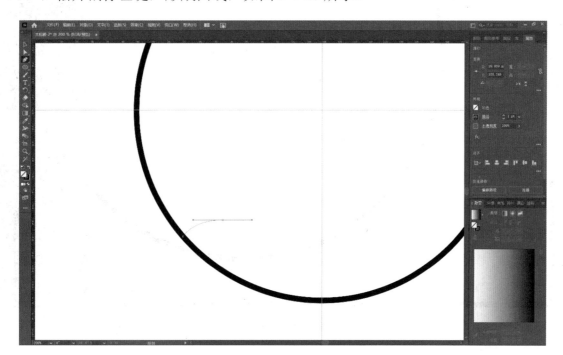

图 2-4-9　调整曲度

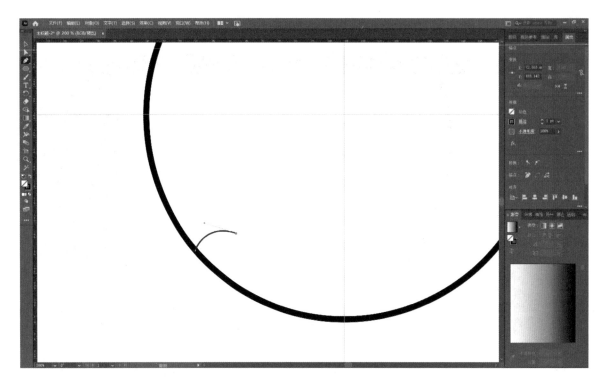

图 2-4-10　形成曲线 1

（8）当需要调整路径的方向时，按住 Alt 键，同时按住鼠标左键并拖动任意一侧调节手柄即可，如图 2-4-11 所示。单击确定下一个目标点，绘制水波纹，如图 2-4-12 所示。

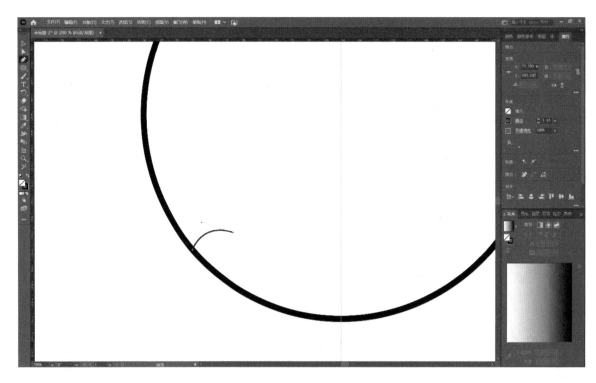

图 2-4-11　调整路径的方向

　用微课学 · Illustrator CC 图形设计与制作

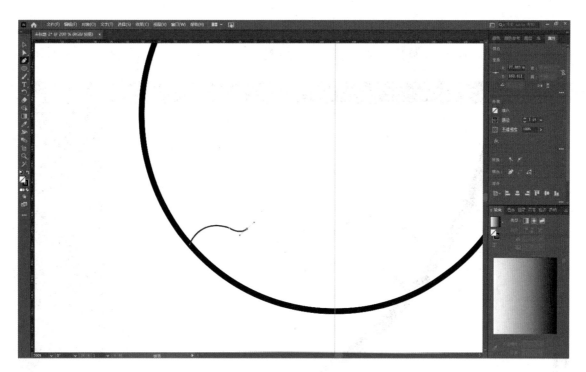

图 2-4-12　绘制水波纹 1

（9）重复以上步骤，参考如图 2-4-13 所示的线条曲度绘制水波纹。

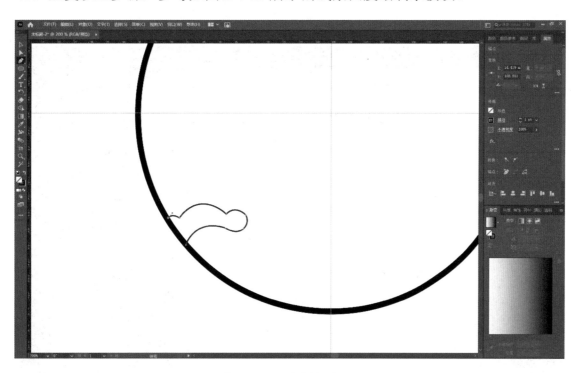

图 2-4-13　绘制水波纹 2

（10）按住 Alt 键，同时向下滑动鼠标滚轮，以缩小画布的显示比例，从而查看绘制的
水波纹的整体效果。当需要调整绘制的线条时，单击左侧工具栏中的【直接选择工具】按钮，

选中需要调整的锚点，锚点两侧会出现调节手柄，按住鼠标左键并拖动调节手柄，即可调整锚点方向（见图 2-4-14）。调整结束后，一个水波纹绘制完成，效果如图 2-4-15 所示。

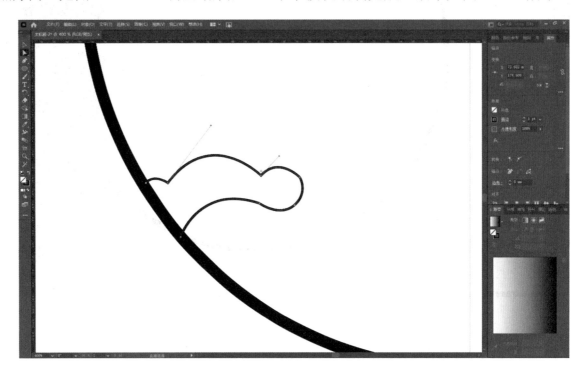

图 2-4-14　调出锚点修改路径

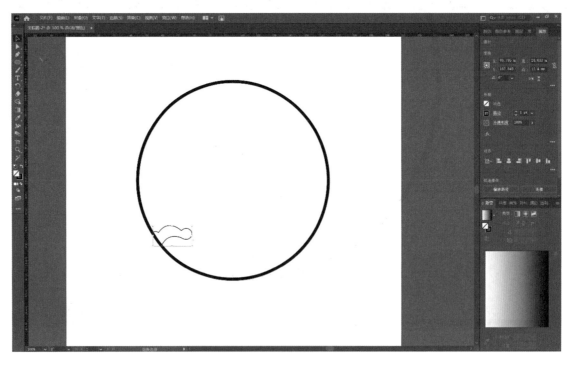

图 2-4-15　水波纹绘制完成后的效果

（11）使用同样的方法绘制左侧水波纹，在绘制时注意线条之间的关系，不要出现空隙，效果如图 2-4-16 所示。

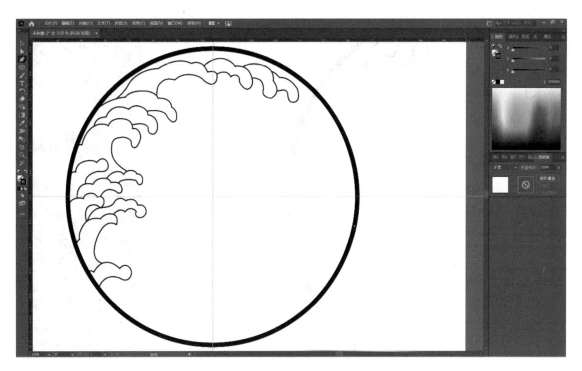

图 2-4-16　左侧水波纹的效果

（12）使用【钢笔工具】绘制右侧水波纹。单击确定一个起始点（见图 2-4-17），继续单击确定目标点。在目标点上按住鼠标左键，锚点两侧会出现两个调节手柄，拖动调节手柄即可看到路径随鼠标的走向变化。将路径调整至适当曲度，松开鼠标左键，形成曲线，如图 2-4-18 所示。

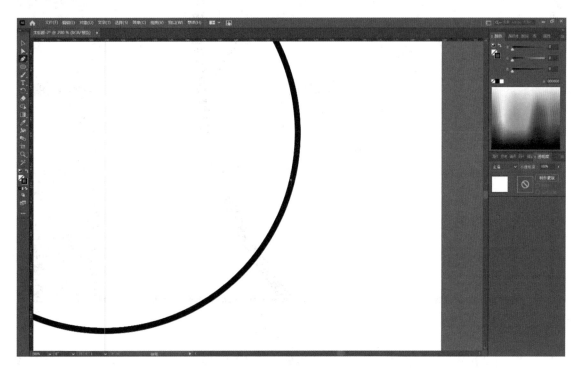

图 2-4-17　确定起始点 1

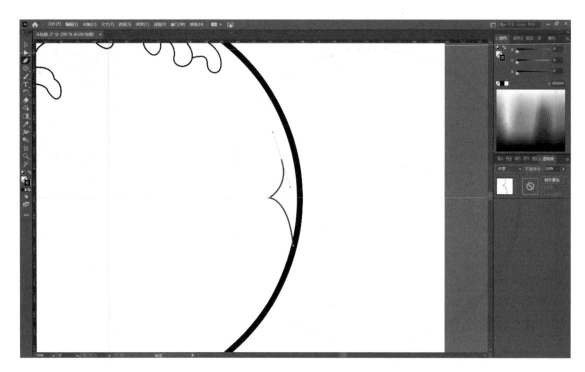

图 2-4-18　形成曲线 2

（13）当绘制水波纹结束时，将鼠标指针移动到起始点上，此时起始点上会出现锚点的指示，单击起始点，形成闭合路径，如图 2-4-19 所示。

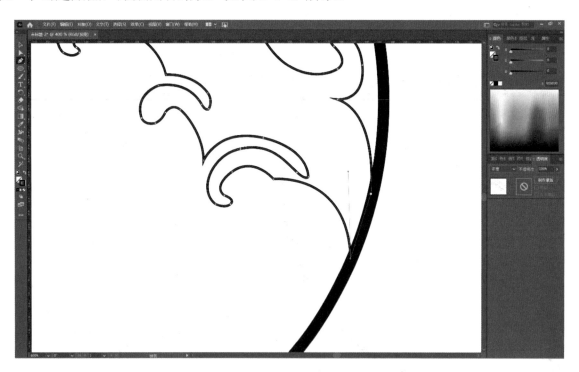

图 2-4-19　形成闭合路径

（14）按住 Alt 键，同时向下滑动鼠标滚轮，以缩小画布的显示比例，从而查看绘制的

　用微课学·Illustrator CC 图形设计与制作

水波纹的整体效果，如图 2-4-20 所示；将【描边】设置为无，并切换为【填充】状态，将【颜色】设置为黑色，一个右侧水波纹绘制完成，效果如图 2-4-21 所示。

图 2-4-20　水波纹整体效果

图 2-4-21　一个右侧水波纹绘制完成后的效果

（15）参照以上【钢笔工具】的使用方法，绘制右侧水波纹线条，并进行适当调整。两个右侧水波纹的效果如图 2-4-22 所示。

图 2-4-22 两个右侧水波纹的效果

（16）单击【椭圆工具】按钮，在画布上按住鼠标左键并拖动鼠标，绘制一个椭圆形，并调整圆形的大小，作为水珠，效果如图 2-4-23 所示；按住 Shift 键，同时按住鼠标左键并拖动鼠标，再次绘制一个圆形，并调整圆形的大小，作为水珠，效果如图 2-4-24 所示。

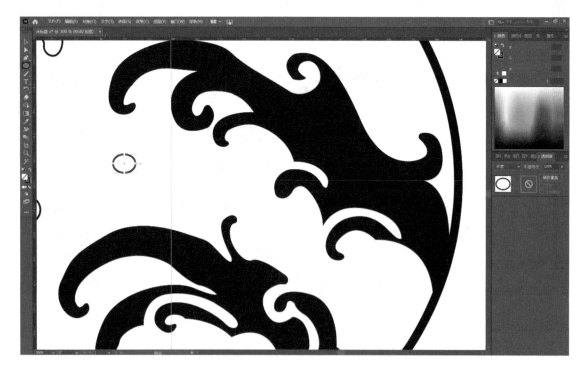

图 2-4-23 水珠的效果 1

用微课学 · Illustrator CC 图形设计与制作

图 2-4-24　水珠的效果 2

（17）参照以上【钢笔工具】的使用方法，继续绘制右侧水波纹线条，效果如图 2-4-25 所示；单击左侧工具栏中的【直接选择工具】按钮，选中需要调整的形状，形状的三个角会出现圆角点，选中其中一个圆角点，按住鼠标左键并向内拖动鼠标，形成圆角，效果如图 2-4-26 所示。

图 2-4-25　水波纹的效果 1

图 2-4-26 形成圆角

（18）参照以上【钢笔工具】的使用方法，继续绘制右侧水波纹，效果如图 2-4-27 所示。

图 2-4-27 水波纹的效果 2

（19）使用【钢笔工具】绘制水波纹线条。单击确定一个起始点（见图 2-4-28），继续单击确定目标点。在目标点上按住鼠标左键，锚点两侧会出现两个调节手柄，拖动调节手柄即可看到路径随着鼠标的走向变化。将路径调整至适当曲度，松开鼠标左键，形成曲线，如图 2-4-29 所示。

图 2-4-28　确定起始点 2

图 2-4-29　形成曲线 3

（20）使用同样的方法绘制剩余水波纹线条，效果如图 2-4-30 所示。

图 2-4-30　剩余部分水波纹线条的效果

（21）选中右侧水波纹形状，单击上方工具栏窗口中的【颜色】按钮，窗口右侧会弹出【颜色】对话框，将颜色设置为：R：0、G：121、B：206，效果如图 2-4-31 所示。

图 2-4-31　设置填充颜色后的效果

（22）选中所有水波纹线条，在右侧【属性】对话框中双击【描边】按钮，弹出【拾色器】

对话框，将颜色设置为 R：0、G：121、B：206；将描边粗细设置为 2pt，效果如图 2-4-32 所示。

图 2-4-32　调整线条后的效果

（23）单击【椭圆工具】按钮，按住 Shift 键，同时按住鼠标左键并拖动鼠标，绘制一个圆形，如图 2-4-33 所示；按住 Alt 键，同时按住鼠标左键并向下拖动鼠标，复制一个圆形，参照以上方法共复制 5 个圆形，如图 2-4-34 所示。

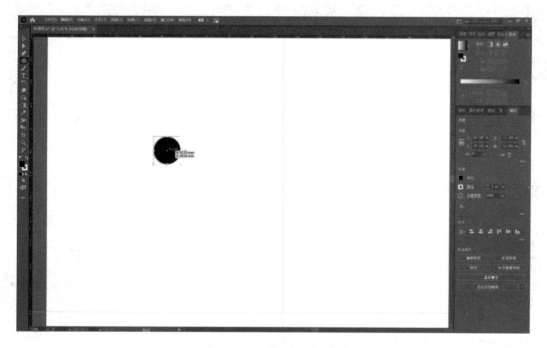

图 2-4-33　绘制一个圆形

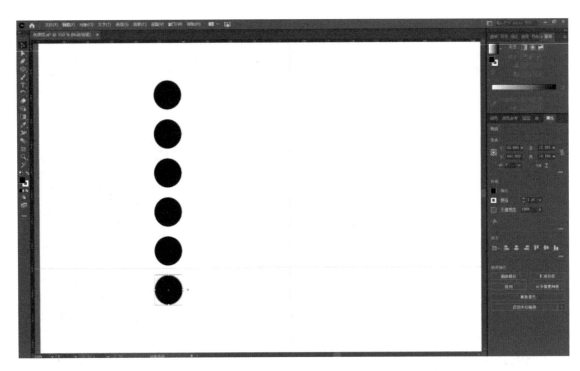

图 2-4-34　复制 5 个圆形

（24）单击圆形，在右侧【颜色】工具栏中，从上到下依次将 6 个圆形的颜色设置为 R：165、G：255、B：251；R：27、G：170、B：240；R：1、G：78、B：244；R：8、G：25、B：183；R：84、G：1、B：174；R：255、G：241、B：0，如图 2-4-35 所示。

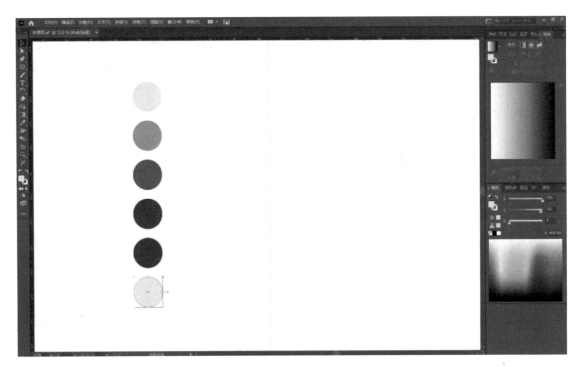

图 2-4-35　设置 6 个圆形的颜色

（25）按 Ctrl ＋ A 组合键全选水波纹，单击右侧工具栏中的【实时上色工具】按钮进行上色，如图 2-4-36 所示；按住 Alt 键，当鼠标指针变成吸管形状时，自上而下分别单击左侧圆形中的颜色后（见图 2-4-37），再单击水波纹进行上色，效果如图 2-4-38 所示。

图 2-4-36　实时上色

图 2-4-37　吸取左侧圆形中的颜色

图 2-4-38　实时上色后的效果

（26）选中内部水波纹形状，将描边粗细设置为2pt，颜色设置为R：255、G：241、B：0，效果如图 2-4-39 所示；将外部圆形的描边粗细设置为5pt，颜色设置为R：255、G：241、B：0。填充描边颜色后的效果如图 2-4-40 所示。

图 2-4-39　调整描边

图 2-4-40　填充描边颜色后的效果

（27）使用【矩形工具】绘制一个与画布大小相等的矩形，作为背景，并填充渐变颜色；在【渐变】对话框中，选择【橙色，黄色】渐变，双击渐变滑块右侧色块，在弹出的对话框中将颜色设置为 R：156、G：7、B：174；双击渐变滑块中间色块，在弹出的对话框中将颜色设置为 R：250、G：238、B：0；双击渐变滑块左侧色块，在弹出的对话框中将颜色设置为 R：243、G：152、B：0；将【类型】设置为【径向渐变】，【角度】设置为 -145.8758°，长宽比设置为 130.2696%，【位置】设置为 43.5031%，效果如图 2-4-41 所示；选中矩形并右击，在弹出的对话框中选择【排列】→【置于底层】选项，如图 2-4-42 所示；稍微调整渐变位置，背景制作完成，效果如图 2-4-43 所示。

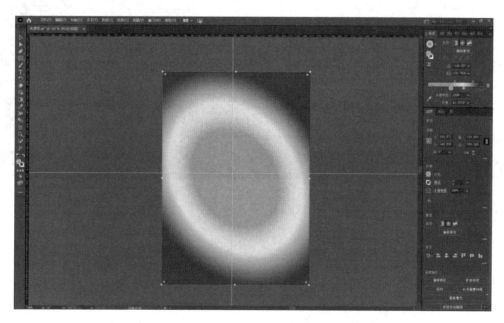

图 2-4-41　设置背景颜色后的效果

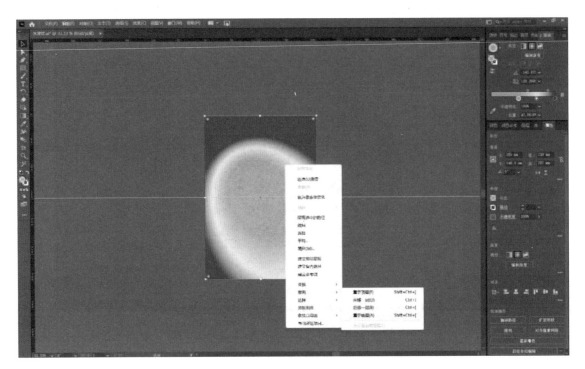

图 2-4-42　选择【排列】→【置于底层】选项

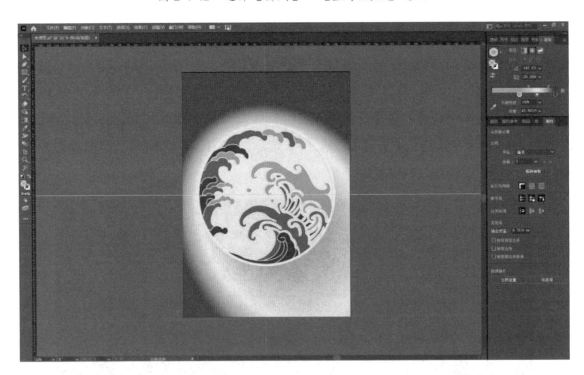

图 2-4-43　背景制作完成后的效果

水波纹最终效果如图 2-4-44 所示。

　用微课学·Illustrator CC 图形设计与制作

图 2-4-44　水波纹最终效果

四、小结

本案例主要使用的工具包括【钢笔工具】、【椭圆工具】、【渐变工具】和【实时上色工具】等。

五、习题：水波纹文创徽章装饰设计

将水波纹与文创礼品相结合，设计水波纹文创徽章。水波纹文创徽章装饰设计效果如图 2-4-45 所示。

图 2-4-45　水波纹文创徽章装饰设计效果

03

第三章　字符类

案例一　中国结

一、文化寓意

中国结是中华民族一种古老的吉祥艺术表现形式，最早可以追溯到文字发明之前的结绳记事时期。中国结起源于上古，兴起于唐宋，盛行于明清，如今已经成为一种具有吉祥寓意的纹样。中国结造型优美且多样，其复杂曼妙的曲线还原成最单纯的二维线条，还具有热烈浓郁的美好祝福寓意，寓意着美满团圆、万事如意。"结"字可以引申为"吉"字，体现了人们对美好生活的追求和向往。中国结是用来赞颂及传达衷心至诚的祈福和心愿的佳作。中国结如图3-1-1所示。

图 3-1-1　中国结

二、图案结构分析

典型的中国结主要由结体、耳翼、间隙、流苏素组成。中国结从头到尾都是用一根完整的丝线编制而成的，这种独特的编制方式体现了古人的智慧。中国结线稿如图3-1-2所示。

（1）结体是中国结的核心部分，也是中国结成型的支撑结构。结体的外观纹理清晰，呈有规律的错综交织，回环往复，给人一种厚实的美感。

（2）耳翼是从结体抽出来的成环成圈的线条。结体一般有比较固定的模式，但耳翼却千变万化，可大可小，而且可以在耳翼上编织其他的装饰结。耳翼从结体中延伸出来，不仅体现了一种飘逸美，还提高了结体的对称性，而对称性也是中国结的特征之一。

（3）间隙讲究虚实结合，结不能抽得太紧，否则就成了"死结"。一件中国结工艺品往往由数个结组成，因此不仅要在结内留有间隙，还要在结与结之间留有间隙。

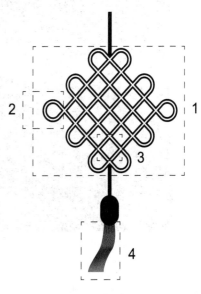

图 3-1-2　中国结线稿

间隙的调整与配合，比耳翼的抽取更灵动多变，体现了中国结的空灵之美。

（4）流苏一般垂饰在中国结的尾端，用线松散。流苏不仅仅是包扎系在结尾，而是有一套编织技法，使得其与主体结浑然一体。流苏可以为中国结增添一种摇曳之美。

三、图案设计与制作

1．案例描述

中国结是一款流传久远的传统纹样，其外形采用独特的编织手法，左右对称，富有美好的文化寓意，被广泛应用于现代设计。在更深层次上，中国结体现了对传统文化的传承与发扬。

在制作中国结时，主要使用【矩形工具】、【钢笔工具】、【混合工具】和【分割为网格工具】等。在绘制过程中，需要注意上下左右对称。

2．制作步骤

（1）新建文件。将画布尺寸设置为210mm×297mm，【颜色模式】设置为【RGB 颜色】，【光栅效果】设置为【高（300ppi）】，单击【创建】按钮，如图 3-1-3 所示。

图 3-1-3　新建文件

（2）绘制正方形。单击左侧工具栏中的【矩形工具】按钮，按住 Shift 键，同时按住鼠标左键并拖动鼠标，绘制一个正方形，并填充任意颜色，如图 3-1-4 所示。

图 3-1-4　绘制正方形

（3）选择【对象】→【路径】→【分割为网格】选项，在弹出的【分割为网格】对话框（见图 3-1-5）中，将行和列的数量均设置为 6，单击【确定】按钮；将正方形从【填充】状态切换为【描边】状态，并设置合适的描边参数，如图 3-1-6 所示。

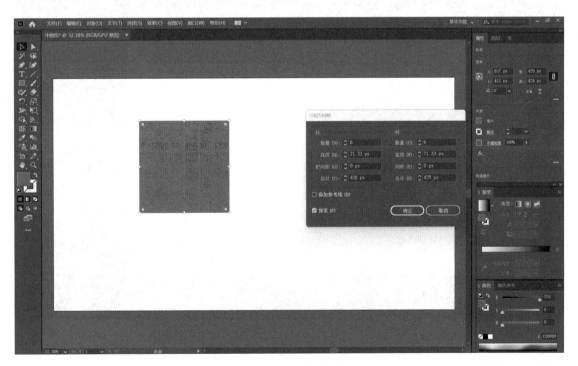

图 3-1-5　【分割为网格】对话框

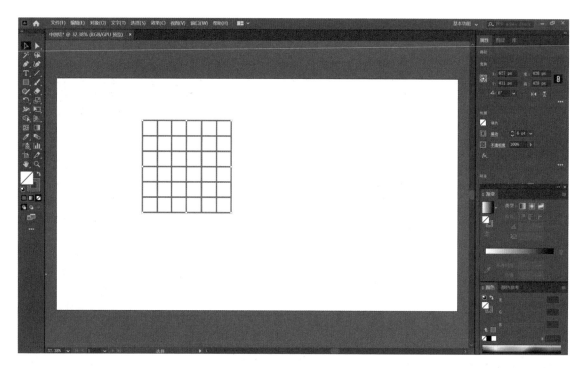

图 3-1-6　描边网格

（4）按住 Shift 键，单击【选择工具】按钮，将描边网格旋转 45°；使用【直接选择工具】删除多余的小方格，如图 3-1-7 所示；使用【直接选择工具】选中所有外侧的锚点，锚点上会出现可以调节的圆点，按住鼠标左键并拖动圆点，将圆角弧度调节至最大，如图 3-1-8 所示。

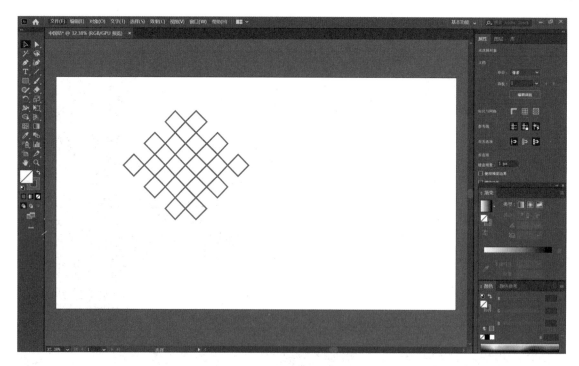

图 3-1-7　删掉小方格

　用微课学·Illustrator CC 图形设计与制作

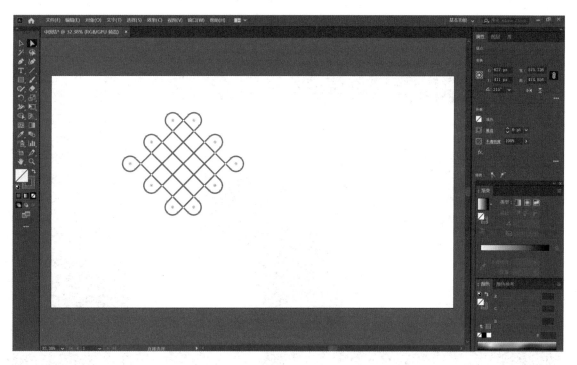

图 3-1-8 调节圆角弧度

（5）拓展图形。选择【对象】→【扩展】选项，弹出【扩展】对话框，单击【确定】按钮；选择【效果】→【路径查找器】→【相加】选项，将图形进行合并，如图 3-1-9 所示。

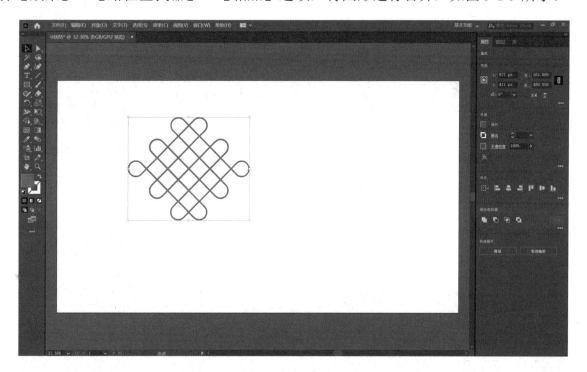

图 3-1-9 拓展图形

（6）设置外观与描边。选择【窗口】→【外观】选项，在弹出的【外观】对话框中单击【描边】按钮，在弹出的对话框中将【粗细】设置为 10pt，【对齐描边】设置为【使描边外侧对齐】，如图 3-1-10 所示。

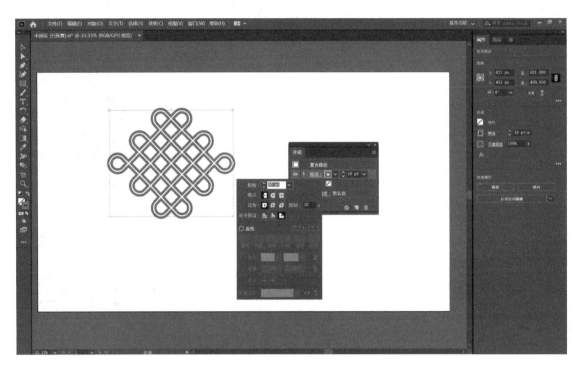

图 3-1-10　设置外观与描边

（7）绘制挂线。使用【矩形工具】绘制 3 个矩形，分别作为中国结的上、下挂线和底部接口，并将底部接口矩形的直角设置为圆角，如图 3-1-11 所示。

图 3-1-11　绘制挂线与底部接口

用微课学·Illustrator CC 图形设计与制作

（8）绘制线条。单击左侧工具栏中的【钢笔工具】按钮，参照图 3-1-2 绘制一条曲线，并复制；将复制的曲线移动至右侧合适位置，并改变曲线的曲度，如图 3-1-12 所示。

图 3-1-12　绘制线条

（9）绘制吉祥穗。单击左侧工具栏中的【混合工具】按钮，在弹出的【混合选项】对话框中将【间距】设置为【指定的步数】，参数设置为 12，勾选【预览】复选框，单击【确定】按钮，如图 3-1-13 所示。

图 3-1-13　绘制吉祥穗

中国结最终效果如图 3-1-14 所示。

图 3-1-14　中国结最终效果

四、小结

中国结从头到尾都是用一根完整的丝线编结而成的，其中每个基本结可以根据其形状和寓意进行命名。

本案例主要使用的工具包括【矩形工具】、【钢笔工具】、【混合工具】和【分割为网格工具】等。

五、习题：中国结 T 恤文化衫装饰设计

将中国结的美好寓意与现代生活产品相结合，设计中国结 T 恤文化衫。其中，使用【矩形工具】、【钢笔工具】和【分割为网格工具】进行绘制。中国结 T 恤文化衫装饰设计效果如图 3-1-15 所示。

　用微课学·Illustrator CC 图形设计与制作

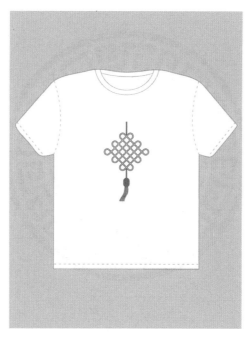

图 3-1-15　中国结 T 恤文化衫装饰设计效果

案例二　回字纹

微课视频

一、文化寓意

　　回字纹是中国传统的吉祥图案，寓意源远流长、生生不息、安宁吉祥、止于至善等。回字纹的特点是呈圆弧形或方折形的回旋线条。它象征着人们对上天的崇拜，表达了对神圣力量的敬畏和崇敬。同时，回字纹象征着连绵不绝，代表着永恒和持续。回字纹的线条连贯，图案绵延不断，象征着吉祥长久，代表着源源不断的财富和福气。此外，回字纹还寓意着繁荣兴旺，代表着多子多孙的美好寓意。回字纹可以无限延伸，象征着旺盛的生命力，代表着繁荣昌盛。总的来说，回字纹是一种富有象征意义的图案，代表着人们对神圣力量和繁荣幸福生活的向往。回字纹如图 3-2-1 所示。

图 3-2-1　回字纹

二、图案结构分析

回字纹的核心元素由汉字中的"回"字构成。在古代，回字纹被广泛应用于瓷器、家具，作为装饰纹样。回字纹线稿如图 3-2-2 所示。

图 3-2-2　回字纹线稿

（1）圆弧形的回字纹又被称为云纹，线条连贯，图案流畅，象征着吉祥长久。

（2）方折形的回字纹又被称为雷纹，线条简洁且灵动，可以无限延伸，展现出强大的生命力。它也可以衍生出多种风格的变化，象征着繁荣昌盛。

三、图案设计与制作

1. 案例描述

在制作回字纹时，主要使用【分割为网格工具】和【画笔工具】等。在绘制过程中，需要注意线条的粗细和纹样的疏密度。

2. 制作步骤

（1）新建文件。将画布尺寸设置为210mm×297mm，【颜色模式】设置为【RGB颜色】，【光栅效果】设置为【高（300ppi）】，单击【创建】按钮，如图3-2-3所示。

图 3-2-3　新建文件

（2）使用【矩形工具】绘制一个正方形。按住 Shift 键，同时按住鼠标左键并拖动鼠标，绘制正方形，如图3-2-4所示。

图 3-2-4　绘制正方形

（3）选中绘制好的正方形，选择【对象】→【路径】→【分割为网格】选项（见图 3-2-5），弹出【分割为网格】对话框，如图 3-2-6 所示。

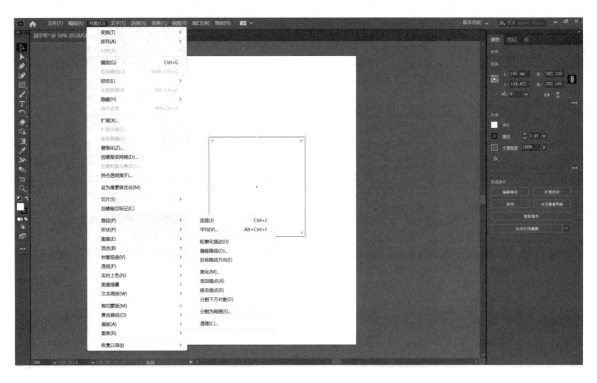

图 3-2-5　选择【对象】→【路径】→【分割为网格】选项

用微课学·Illustrator CC 图形设计与制作

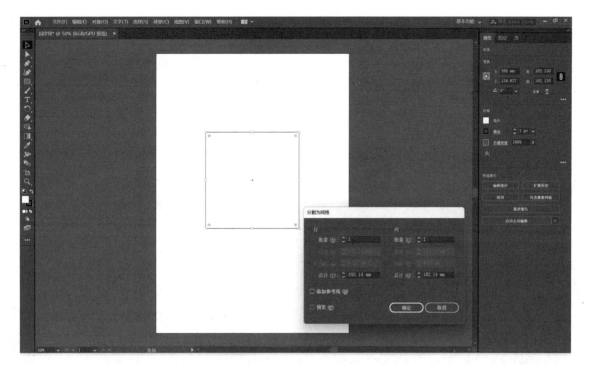

图 3-2-6 【分割为网格】对话框

（4）将行和列的数量分别设置为15，勾选【预览】复选框，其他参数设置如图3-2-7所示。

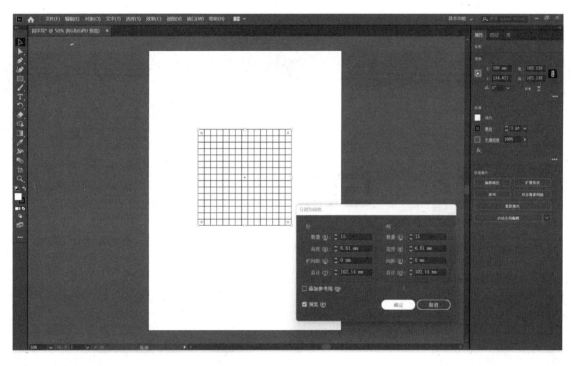

图 3-2-7 其他参数设置

（5）单击【形状生成工具】按钮，将【填充】设置为黑色，按住鼠标左键并在方格内拖动鼠标，绘制回字纹路，如图3-2-8所示。

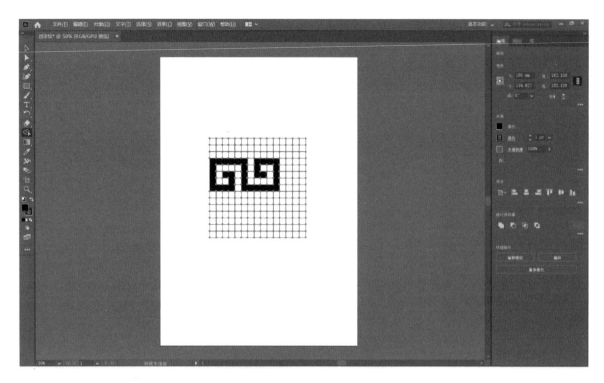

图 3-2-8　绘制回字纹路

（6）单击【选择工具】按钮，按住鼠标左键将绘制好的回字纹路拖出来，将网格删除，完成纹路的绘制，如图 3-2-9 所示。

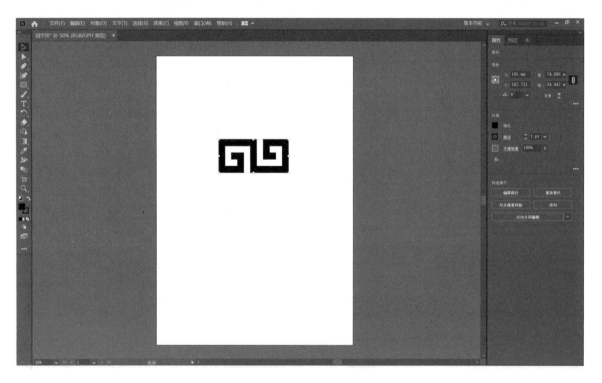

图 3-2-9　纹路绘制完成

　用微课学 · Illustrator CC 图形设计与制作

（7）选择【窗口】→【画笔】选项，或者按快捷键 F5，弹出【画笔】对话框，如图 3-2-10 所示。

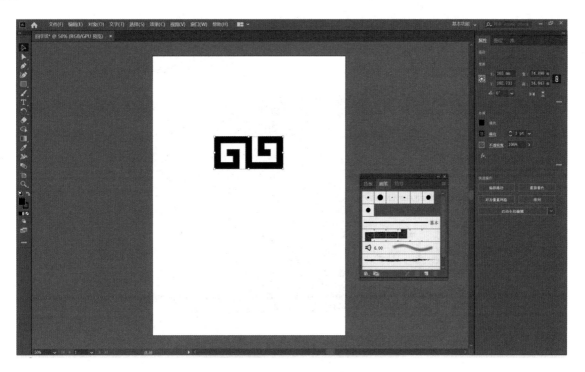

图 3-2-10　【画笔】对话框

（8）将绘制好的回字纹路拖入【画笔】对话框，弹出【新建画笔】对话框（见图 3-2-11），选中【图案画笔】单选按钮。

图 3-2-11　【新建画笔】对话框

（9）单击【确定】按钮，弹出【图案画笔选项】对话框（见图 3-2-12），选中【添加间距以适合】单选按钮，单击【确定】按钮，使回字纹路成为图案画笔。

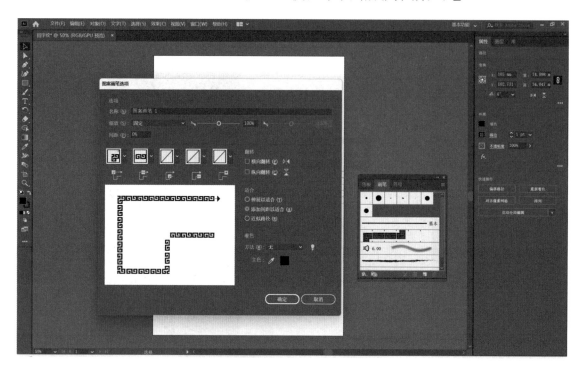

图 3-2-12　【图案画笔选项】对话框 1

（10）单击【椭圆工具】按钮，按住 Shift 键，同时按住鼠标左键并拖动鼠标，绘制一个圆形，取消【填充】，如图 3-2-13 所示。

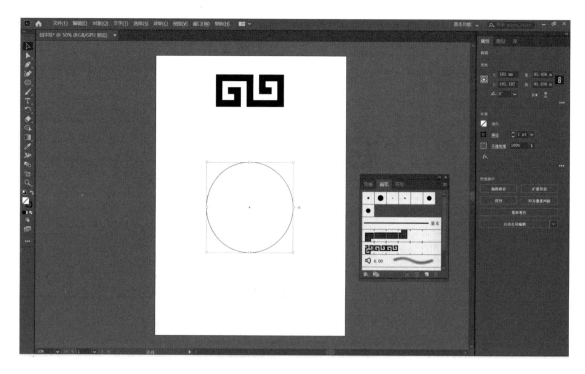

图 3-2-13　绘制圆形

用微课学·Illustrator CC 图形设计与制作

（11）单击【画笔】对话框中刚才新建的回字纹路图案画笔，以选中该画笔，如图 3-2-14 所示。

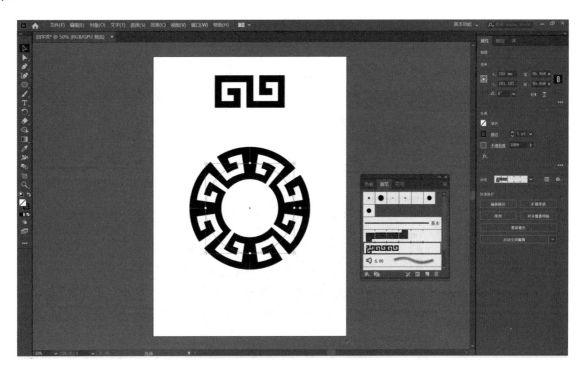

图 3-2-14　选择回字纹路图案画笔

（12）将圆形的描边粗细设置为 0.5pt，如图 3-2-15 所示。

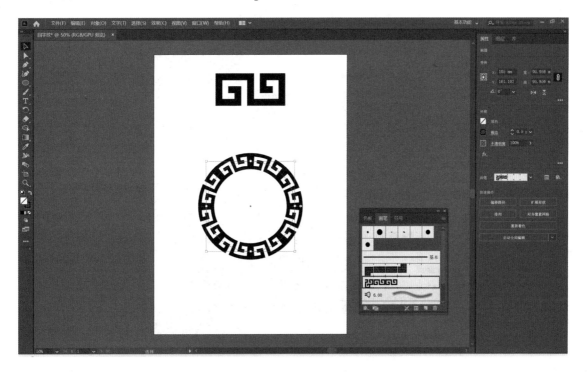

图 3-2-15　设置描边粗细

（13）由于在本案例呈现的效果中，纹路之间的间距较小，因此需要调整画笔的间距。双击新建的回字纹路图案画笔，弹出【图案画笔选项】对话框，如图 3-2-16 所示。

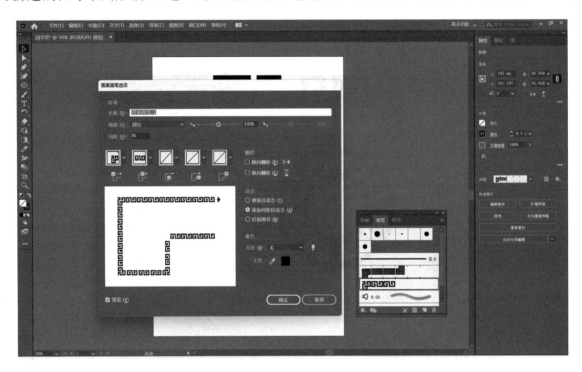

图 3-2-16　【图案画笔选项】对话框 2

（14）将【缩放】设置为 39%，【间距】设置为 10%，如图 3-2-17 所示。

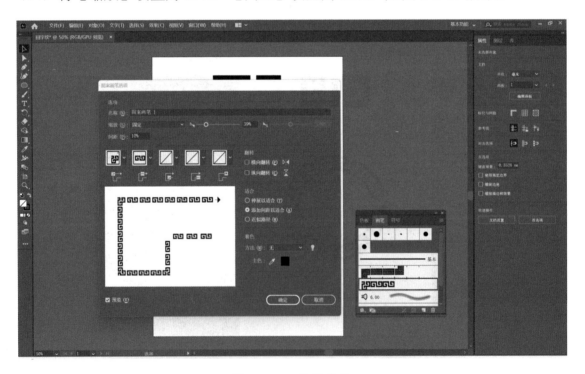

图 3-2-17　设置参数

　用微课学·Illustrator CC 图形设计与制作

（15）单击【确定】按钮，在弹出的对话框中单击【应用于描边】按钮，如图 3-2-18 所示。

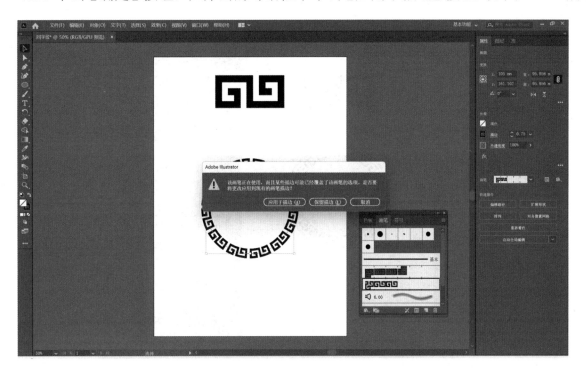

图 3-2-18　单击【应用于描边】按钮

（16）根据视觉效果更改描边粗细和圆形大小，调整整体效果，如图 3-2-19 所示。

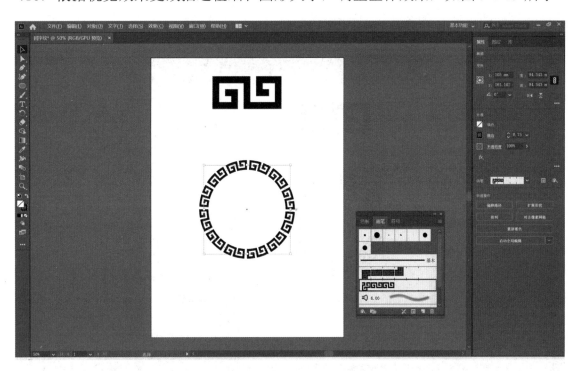

图 3-2-19　调整整体效果

（17）使用【椭圆工具】绘制一个较大的圆形，将描边粗细设置为 6pt，并调整至合适大小；选择两个图形，使用【对齐工具】将两个图形居中对齐，如图 3-2-20 所示。

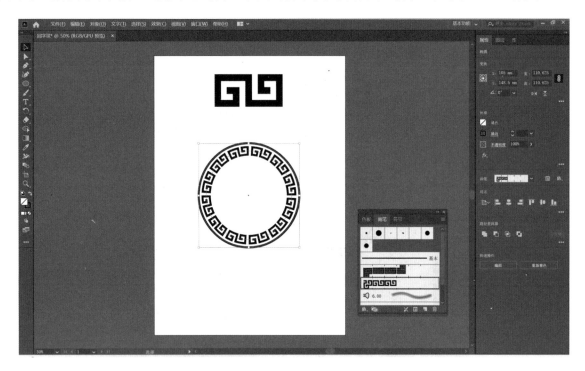

图 3-2-20　居中对齐两个图形

（18）按 Ctrl ＋ C 组合键复制外侧圆形，按 Ctrl ＋ F 组合键原位粘贴，将复制的圆形调整至两个圆形的内侧，如图 3-2-21 所示。

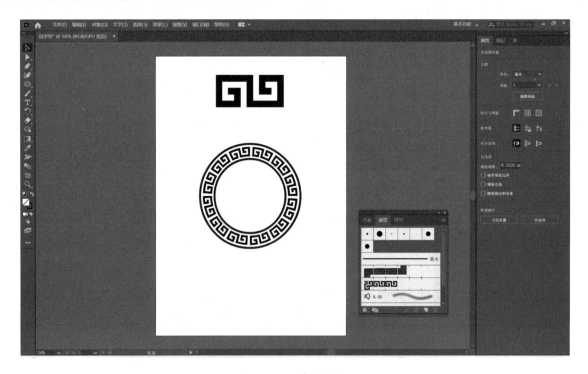

图 3-2-21　复制圆形

用微课学 · Illustrator CC 图形设计与制作

（19）选择上方的回字纹路，按 Ctrl ＋ C 组合键进行复制，按 Ctrl ＋ F 组合键原位粘贴，将复制的回字纹路移动至下方合适位置，如图 3-2-22 所示。

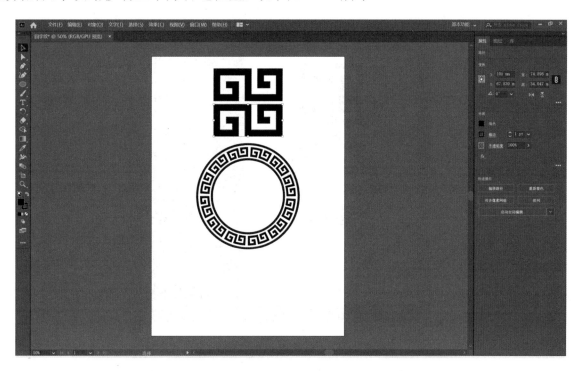

图 3-2-22　移动复制的回字纹路

（20）选中复制的回字纹路并右击，在弹出的快捷菜单中选择【变换】→【镜像】选项，弹出【镜像】对话框，如图 3-2-23 所示。

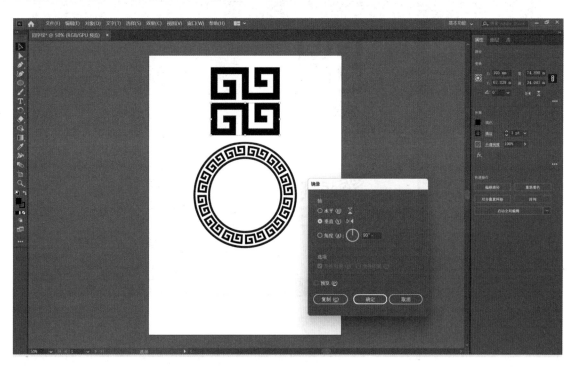

图 3-2-23　【镜像】对话框

（21）选中【水平】单选按钮，单击【确定】按钮，完成镜像回字纹路，效果如图 3-2-24 所示。

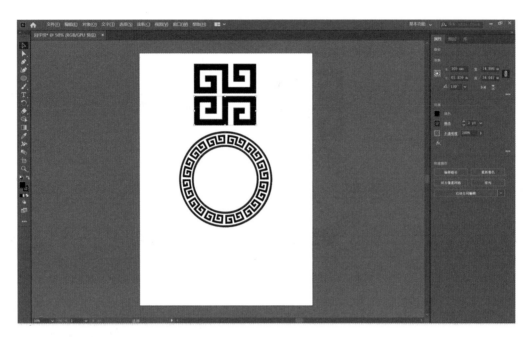

图 3-2-24　镜像后的回字纹路的效果

（22）选中两个回字纹路并右击，在弹出的快捷菜单中选择【编组】选项，如图 3-2-25 所示。

图 3-2-25　选择【编组】选项

（23）适当缩小回字纹路，并将其移动至内侧圆形的中间位置；选中所有图形并右击，在弹出的快捷菜单中选择【对齐】选项，如图 3-2-26 所示。

用微课学·Illustrator CC 图形设计与制作

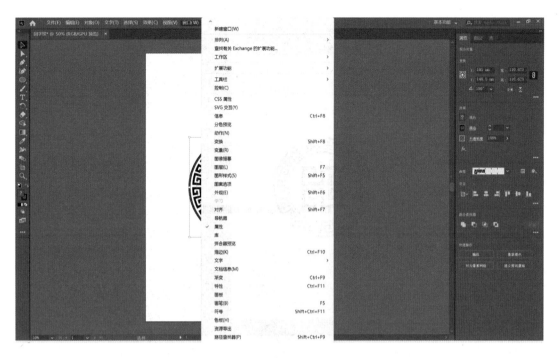

图 3-2-26　选择【对齐】选项

（24）在弹出的【对齐】对话框中，分别单击【对齐对象】选区中的【水平居中对齐】按钮和【垂直居中对齐】按钮，效果如图 3-2-27 所示。

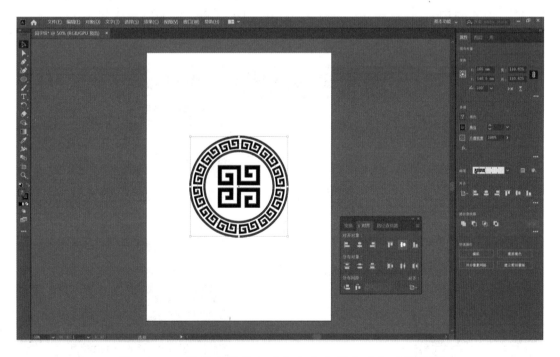

图 3-2-27　设置水平居中对齐和垂直居中对齐后的效果

（25）选中应用了画笔描边的圆形，选择【对象】→【扩展外观】选项（见图 3-2-28），这样就可以更改颜色了。

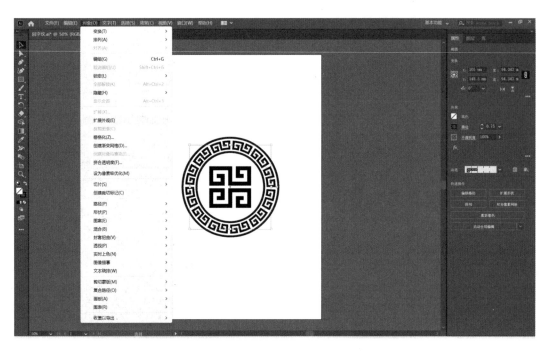

图 3-2-28　选择【对象】→【扩展外观】选项

（26）选中回字纹路，单击【渐变】按钮，弹出【渐变】对话框，双击渐变滑块左侧色块，在弹出的对话框中将颜色设置为 R：153、G：211、B：158；双击渐变滑块右侧色块，在弹出的对话框中将颜色设置为 R：244、G：177、B：168；将【类型】设置为【线性渐变】，【角度】设置为 -120°，如图 3-2-29 所示。

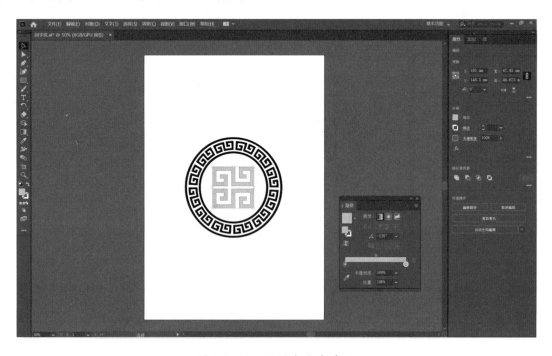

图 3-2-29　设置渐变颜色 1

（27）选中内侧圆形，单击【渐变】按钮，弹出【渐变】对话框，双击渐变滑块左侧色块，在弹出的对话框中将颜色设置为 R：153、G：211、B：158；双击渐变滑块右侧色块，

在弹出的对话框中将颜色设置为 R：244、G：177、B：168；将【类型】设置为【线性渐变】，
【角度】设置为 135°，如图 3-2-30 所示。

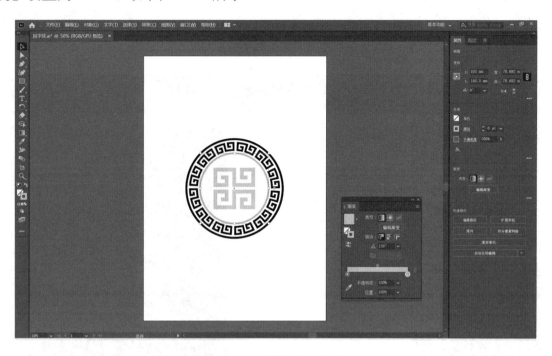

图 3-2-30　设置渐变颜色 2

（28）选中外侧圆形，单击【渐变】按钮，弹出【渐变】对话框，双击渐变滑块左侧色
块，在弹出的对话框中将颜色设置为 R：153、G：211、B：158；双击渐变滑块右侧色块，
在弹出的对话框中将颜色设置为 R：244、G：177、B：168；将【类型】设置为【线性渐变】，
【角度】设置为 0°，如图 3-2-31 所示。

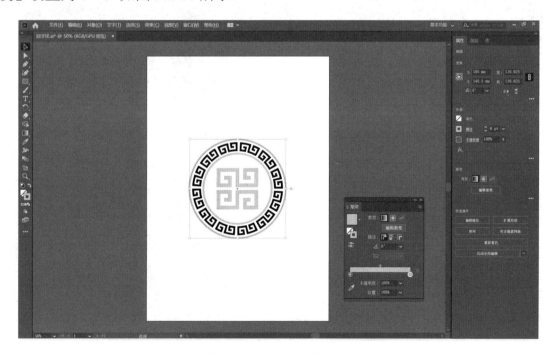

图 3-2-31　设置渐变颜色 3

（29）选中应用了画笔描边的圆形，单击【渐变】按钮，弹出【渐变】对话框，双击渐变滑块左侧色块，在弹出的对话框中将颜色设置为 R：153、G：211、B：158；双击渐变滑块右侧色块，在弹出的对话框中将颜色设置为 R：244、G：177、B：168；将【类型】设置为【径向渐变】，【角度】设置为 0°，如图 3-2-32 所示。

图 3-2-32　设置渐变颜色 4

（30）回字纹效果如图 3-2-33 所示。

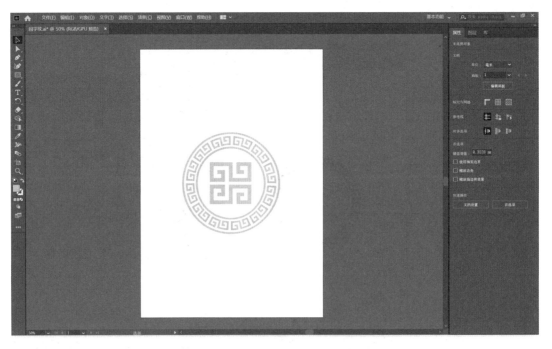

图 3-2-33　回字纹效果

（31）使用【矩形工具】绘制一个与画布大小相等的矩形，作为背景，并将填充颜色设置为 R：125、G：117、B：141，效果如图 3-2-34 所示。

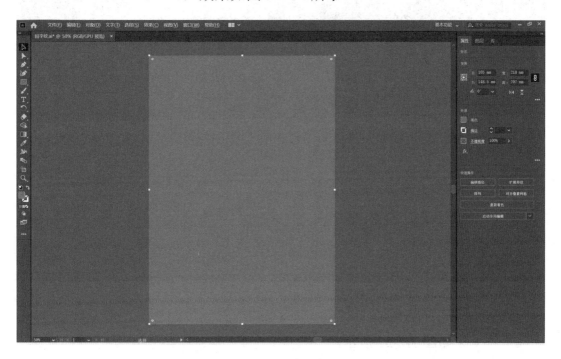

图 3-2-34　设置背景颜色后的效果

（32）选中矩形并右击，在弹出的快捷菜单中选择【排列】→【置于底层】选项，如图 3-2-35 所示。

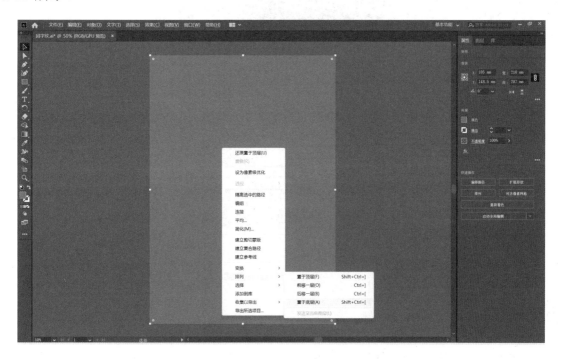

图 3-2-35　选择【排列】→【置于底层】选项

背景制作完成，效果如图 3-2-36 所示。

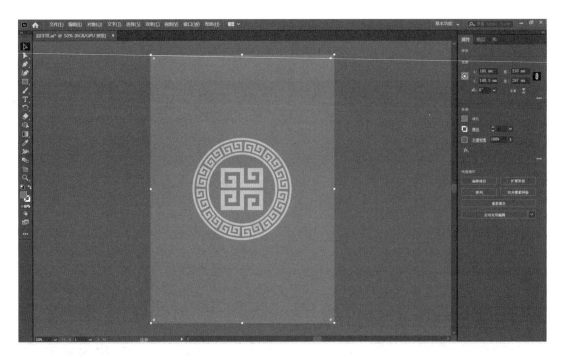

图 3-2-36　背景制作完成后的效果

回字纹最终效果如图 3-2-37 所示。

图 3-2-37　回字纹最终效果

四、小结

在日常生活中，我们经常会发现身边许多回纹的装饰纹样：布匹上的正反回纹，瓷器上的单回纹，以及古典家具上的回字纹。回字纹作为一种传统装饰纹样，经历数百甚至数千年的演变，仍然深受人们的喜爱。

本案例主要使用的工具包括【分割为网格工具】、【画笔工具】等。

五、习题：回字纹挂件装饰设计

将回字纹与现代装饰品相结合，使传统纹样更大限度地应用于人们的日常生活，不仅可以满足大众的审美需求，还能够让人们对传统纹样有多层次的感受甚至喜爱传统艺术。回字纹挂件装饰设计效果如图3-2-38所示。

图 3-2-38　回字纹挂件装饰设计效果

案例三　福寿纹

一、文化寓意

福寿纹是以"寿"字形状呈现的圆形图案，"寿"字的整体被围绕在一个圆形之中，线条不断环绕，寓意生命延续、人生幸福圆满，具有吉祥之意，如图3-3-1所示。

图 3-3-1　福寿纹

二、图案结构分析

福寿纹是一种寓意吉祥的纹样，常被应用在家具上。福寿纹通常由蝙蝠、寿桃或团寿组成。蝙蝠中的"蝠"在中文中与"福"同音，因此代表着好运和福气。寿桃或团寿寓意长寿和健康。人们在家具上雕刻福寿纹，旨在营造喜庆和吉祥的氛围。福寿纹线稿如图 3-3-2 所示。

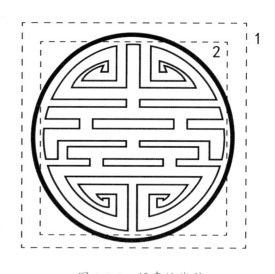

图 3-3-2　福寿纹线稿

（1）"寿"字纹样从造字时代开始，在长期发展演变中形成了许多固定的程式化纹样，主要包括由"寿"字组成的图案和由"寿"字与其他纹样组成的图案两种。"寿"字纹样展现出宜古宜今的生命力，是中华民族人们内心延续千年的追求的有力表达。

（2）圆形把"寿"字围成一体，线条大多为连续不断的弧线，寓意生命的延续不断。

三、图案设计与制作

1．案例描述

在制作福寿纹时，主要使用【矩形工具】、【镜像工具】和【路径查找器工具】等。在制作过程中，需要注意线条之间的关系，以及图形的闭合。

2．制作步骤

（1）新建文件。将画布尺寸设置为210mm×297mm，【颜色模式】设置为【RGB 颜色】，【光栅效果】设置为【高（300ppi）】，单击【创建】按钮，如图 3-3-3 所示。

图 3-3-3　新建文件

（2）使用【椭圆工具】绘制一个直径为 120mm 的圆形。单击左侧工具栏中的【椭圆工具】按钮，在画布空白处单击，弹出【椭圆】对话框，如图 3-3-4 所示。

图 3-3-4 【椭圆】对话框

（3）将【宽度】和【高度】分别设置为 120mm，单击【确定】按钮，绘制直径为 120mm 的圆形，如图 3-3-5 所示。

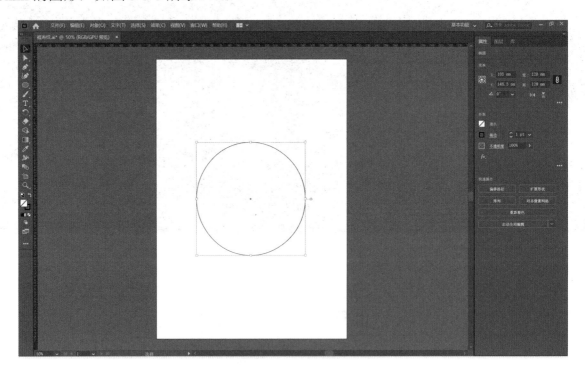

图 3-3-5　绘制圆形

（4）按 Ctrl ＋ R 组合键调出标尺，分别从标尺的上方和左侧拖出一条参考线，放在圆

　用微课学·Illustrator CC 图形设计与制作

形的中间位置，如图 3-3-6 所示。

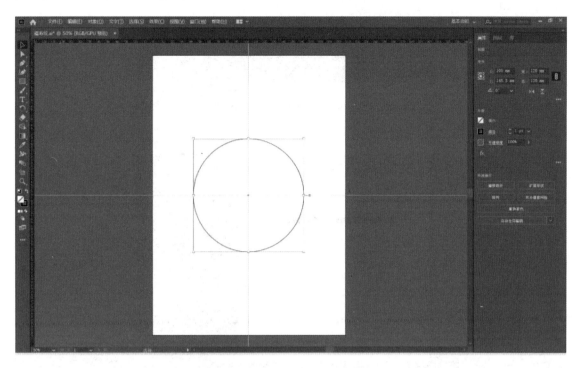

图 3-3-6　添加参考线

（5）使用【矩形工具】绘制一个长方形。单击左侧工具栏中的【矩形工具】按钮，在画布空白处单击，弹出【矩形】对话框，如图 3-3-7 所示。

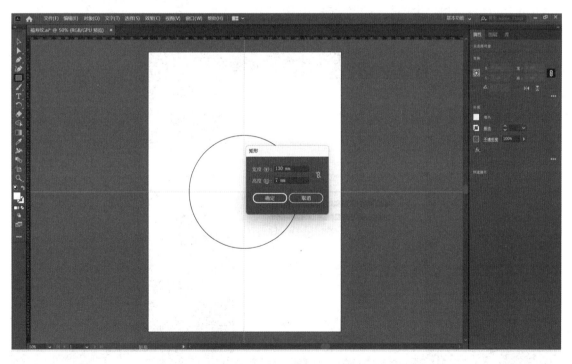

图 3-3-7　【矩形】对话框

（6）将【宽度】设置为 120mm，【高度】设置为 7mm，单击【确定】按钮，绘制宽度为 120mm，高度为 7mm 的矩形（见图 3-3-8），将绘制好的矩形拖放至横向参考线偏上方的位置。

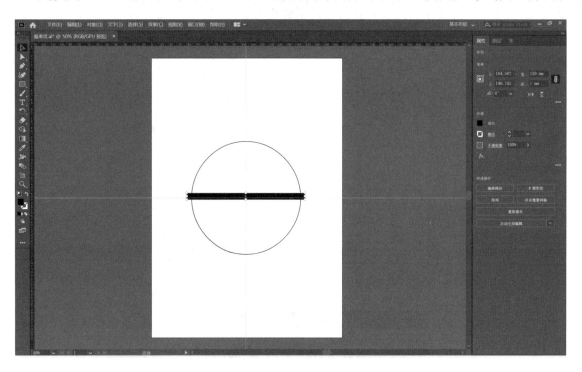

图 3-3-8　绘制矩形 1

（7）选中绘制好的矩形，按 Ctrl ＋ C 组合键进行复制，按 Ctrl ＋ F 组合键原位粘贴，按 4 次 Shift ＋↑组合键，向上移动并复制矩形，如图 3-3-9 所示。

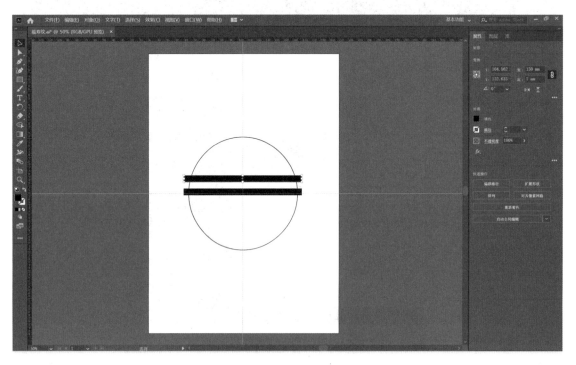

图 3-3-9　向上移动并复制矩形

（8）选中绘制的第 1 个矩形，按 Ctrl ＋ C 组合键进行复制，按 Ctrl ＋ F 组合键原位粘贴，按 Shift ＋↓组合键，向下移动并复制矩形至如图 3-3-10 所示的位置。

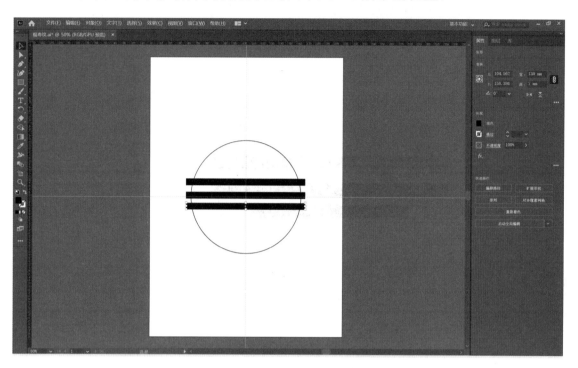

图 3-3-10　向下移动并复制矩形

（9）选中刚刚移动完的矩形，按住 Shift 键，将鼠标指针移动至矩形的右侧，矩形上会出现带有左右箭头的浮动图标，按住鼠标左键并向左移动矩形，缩短矩形的长度，如图 3-3-11 所示。

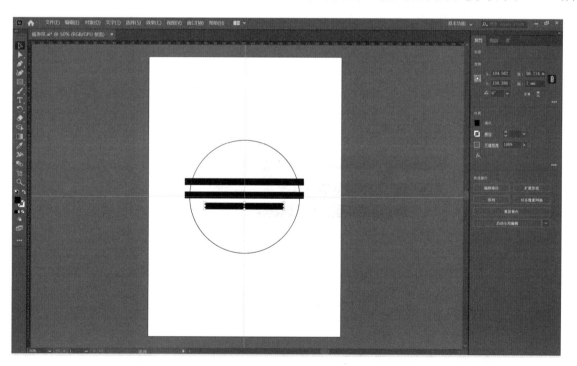

图 3-3-11　缩短矩形的长度

（10）参照以上方法，使用【矩形工具】绘制一个宽度为 8mm，高度为 13mm 的矩形，并将其移动至如图 3-3-12 所示的位置，以连接两个横向矩形。

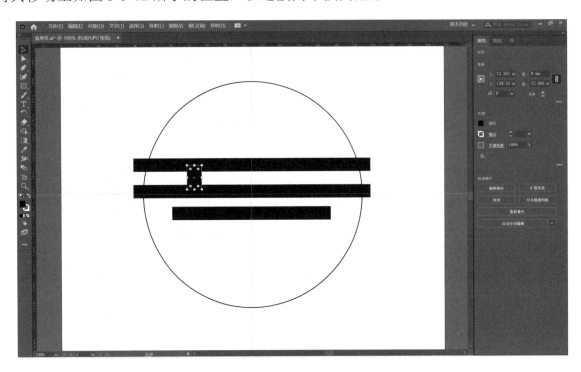

图 3-3-12　绘制矩形 2

（11）选中刚刚绘制好的矩形，按 Ctrl ＋ C 组合键进行复制，按 Ctrl ＋ F 组合键原位粘贴，将复制的矩形移动至右侧对称位置，如图 3-3-13 所示。

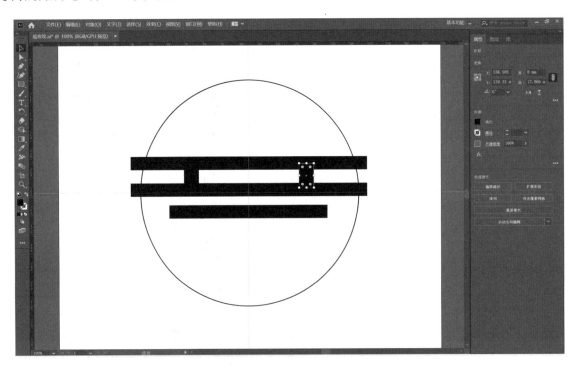

图 3-3-13　移动复制的矩形

（12）选中刚刚排列好的两个矩形，按 Ctrl ＋ C 组合键进行复制，按 Ctrl ＋ F 组合键原位粘贴，向下移动两个矩形，并将两个矩形分别向内侧移动，如图 3-3-14 所示。

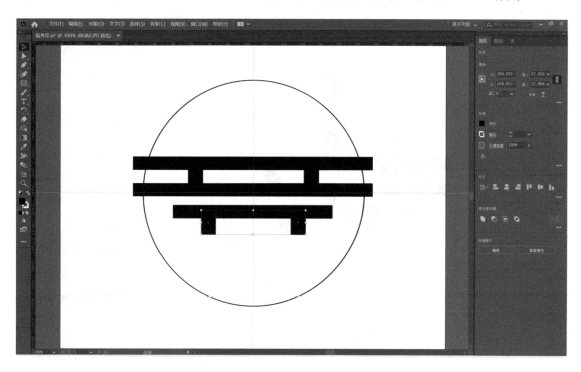

图 3-3-14　排列矩形 1

（13）参照以上方法，使用【矩形工具】绘制一个宽度为 8mm，高度为 50mm 的矩形，放在圆形上方垂直居中的位置，如图 3-3-15 所示。

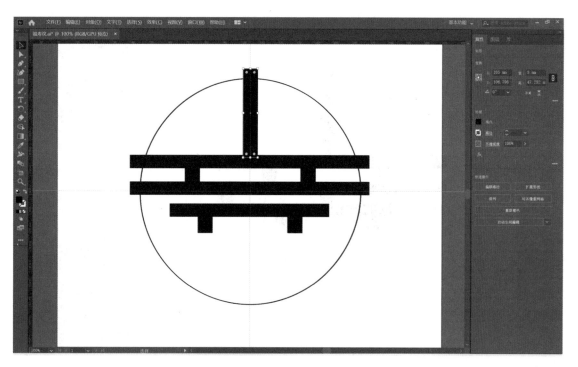

图 3-3-15　排列矩形 2

（14）选中刚刚绘制好的矩形，按 Ctrl ＋ C 组合键进行复制，按 Ctrl ＋ F 组合键原位粘贴，缩短复制的矩形，并向下移动至如图 3-3-16 所示的位置。

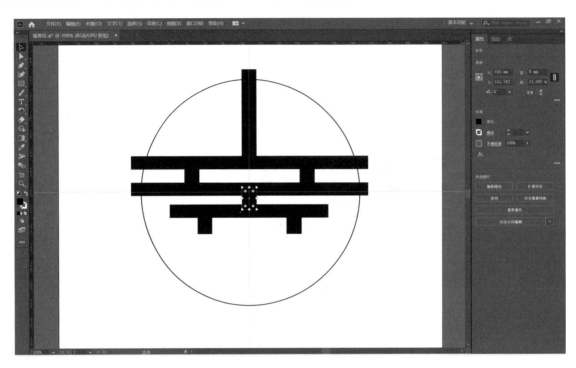

图 3-3-16　排列矩形 3

（15）参照以上方法，使用【矩形工具】绘制一个宽度为 9mm，高度为 14mm 的矩形，并将其移动至如图 3-3-17 所示的位置。

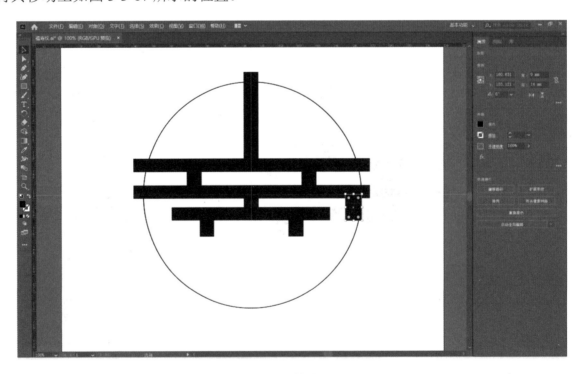

图 3-3-17　排列矩形 4

　用微课学·Illustrator CC 图形设计与制作

（16）选中刚刚绘制好的矩形，按 Ctrl ＋ C 组合键进行复制，按 Ctrl ＋ F 组合键原位粘贴，将复制的矩形移动至左侧对称位置，如图 3-3-18 所示。

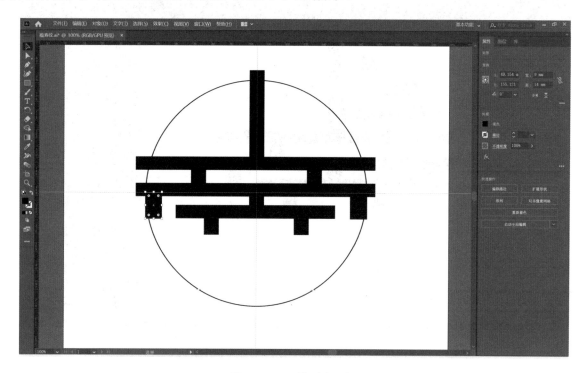

图 3-3-18　排列矩形 5

（17）使用【钢笔工具】绘制如图 3-3-19 所示的图形。

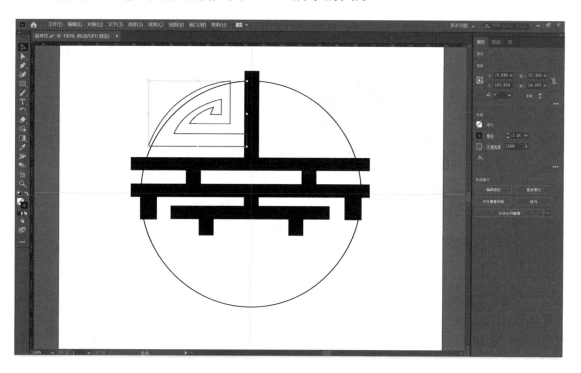

图 3-3-19　使用【钢笔工具】绘制图形 1

（18）将图形从【描边】状态切换为【填充】状态，如图 3-3-20 所示。

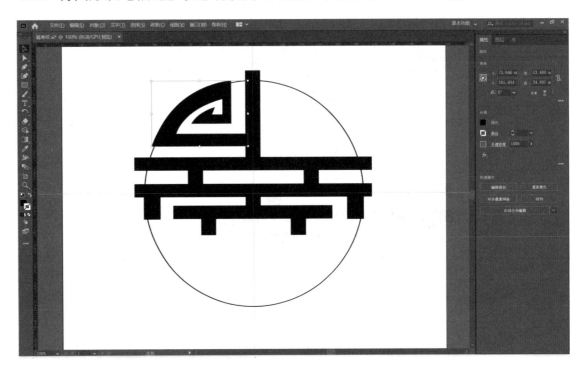

图 3-3-20　填充颜色 1

（19）选中刚刚绘制好的图形，按 Ctrl ＋ C 组合键进行复制，按 Ctrl ＋ F 组合键原位粘贴；右击复制的图形，在弹出的快捷菜单中选择【变换】→【镜像】选项，如图 3-3-21 所示。

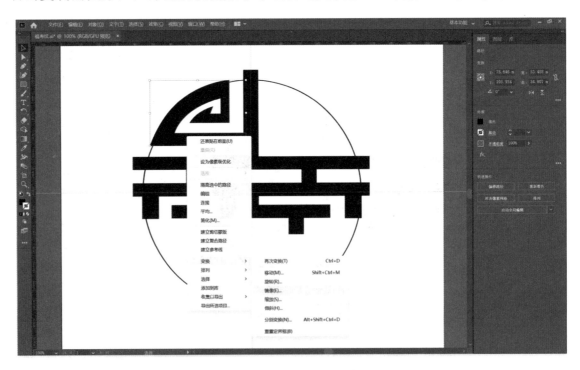

图 3-3-21　选择【变换】→【镜像】选项

（20）在弹出的【镜像】对话框（见图 3-3-22）中，选中【垂直】单选按钮。

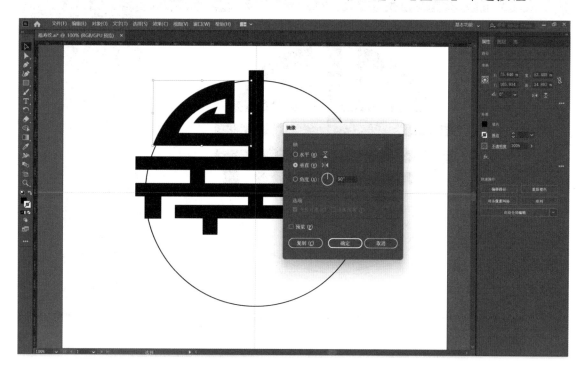

图 3-3-22　【镜像】对话框

（21）单击【确定】按钮，将镜像后的图形移动至右侧对称位置，如图 3-3-23 所示。

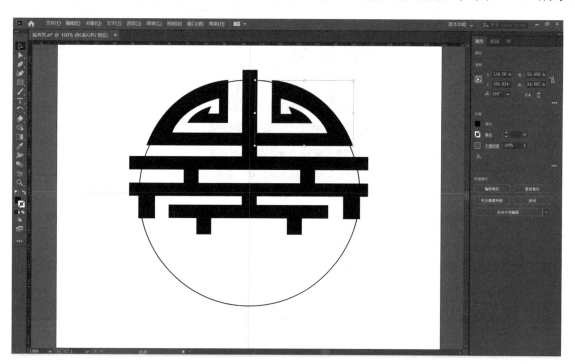

图 3-3-23　移动镜像后的图形 1

（22）使用【钢笔工具】绘制如图 3-3-24 所示图形。

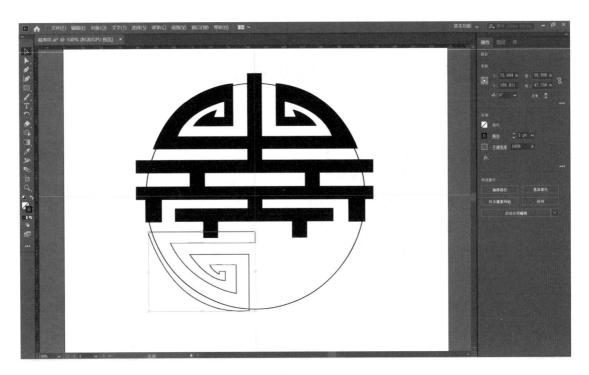

图 3-3-24　使用【钢笔工具】绘制图形 2

（23）将图形从【描边】状态切换为【填充】状态，如图 3-3-25 所示。

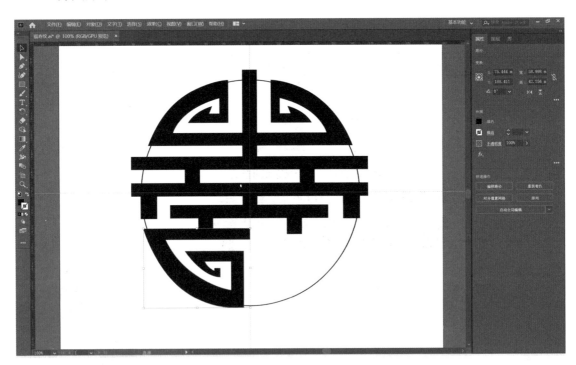

图 3-3-25　填充颜色 2

（24）参照以上方法复制图形，镜像复制的图形，并将镜像的图形移动至右侧对称位置，如图 3-3-26 所示。

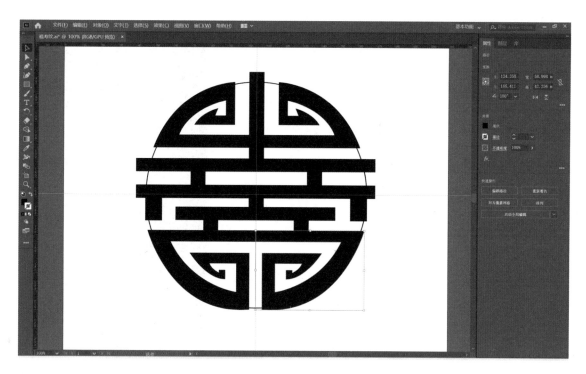

图 3-3-26　移动镜像后的图形 2

（25）按 Ctrl ＋ A 组合键选中画布上的所有图形，按住 Shift 键并单击外侧圆形，以取消选中该圆形，如图 3-3-27 所示。

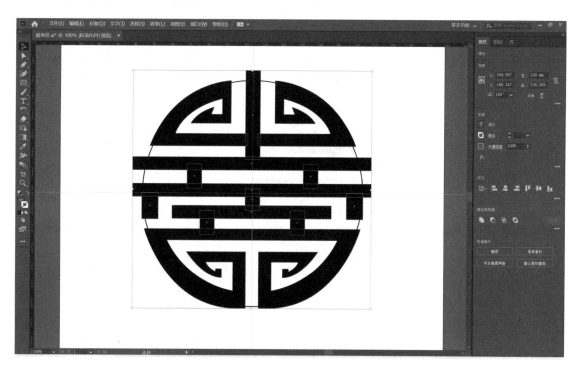

图 3-3-27　取消选中圆形

（26）选择【窗口】→【路径查找器】选项，如图 3-3-28 所示。

图 3-3-28　选择【窗口】→【路径查找器】选项

（27）在弹出的【路径查找器】对话框（见图3-3-29）中，单击【形状模式】选区中的【联集】按钮。

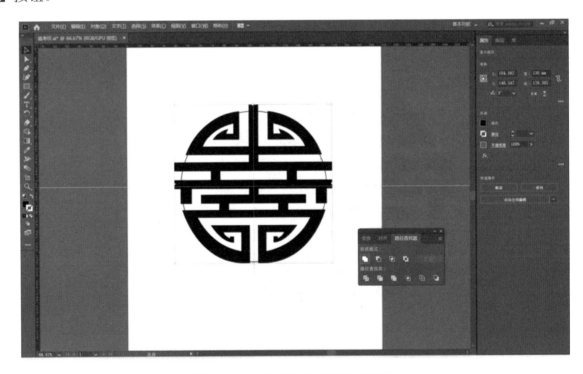

图 3-3-29　【路径查找器】对话框

（28）取消外侧圆形的描边，并填充颜色，按Ctrl＋A组合键全选图形，如图3-3-30所示。

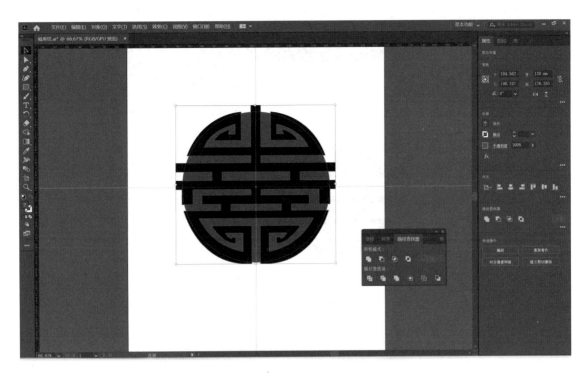

图 3-3-30　全选图形

（29）单击【路径查找器】对话框的【形状模式】选区中的【交集】按钮，效果如图 3-3-31 所示。

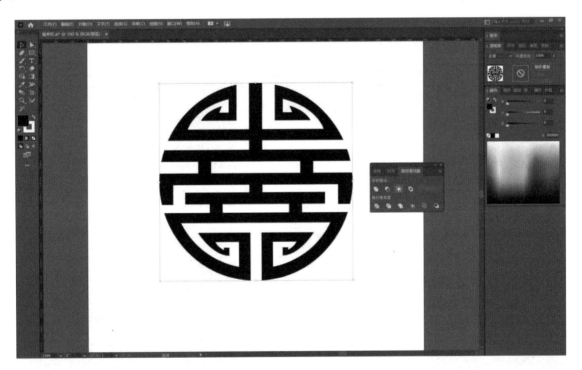

图 3-3-31　执行交集运算后的效果

（30）按 Ctrl ＋；组合键消除参考线，福寿纹效果如图 3-3-32 所示。

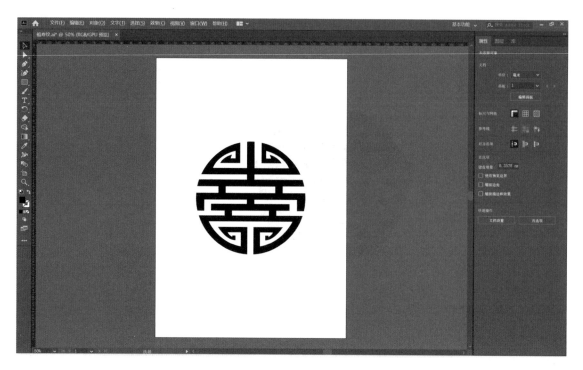

图 3-3-32　福寿纹效果

　　（31）选中绘制好的福寿纹，单击【渐变】按钮，弹出【渐变】对话框，双击渐变滑块左侧色块，在弹出的对话框中将颜色设置为 R：200、G：127、B：84；双击渐变滑块右侧色块，在弹出的对话框中将颜色设置为 R：176、G：206、B：146；将【类型】设置为【线性渐变】，【角度】设置为 -90°，如图 3-3-33 所示。

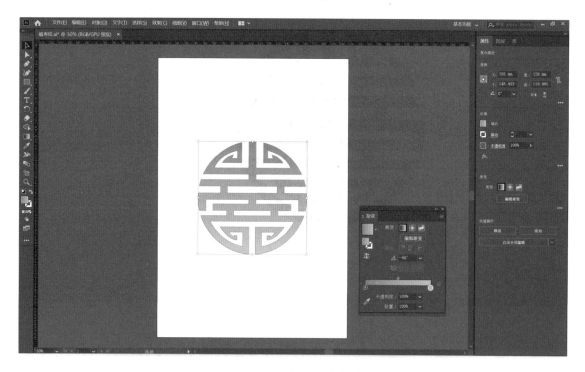

图 3-3-33　填充渐变颜色

　用微课学·Illustrator CC 图形设计与制作

（32）将描边颜色设置为R：52、G：93、B：85，【粗细】设置为2pt，【边角】设置为【圆角连接】，【对齐描边】设置为【使描边外侧对齐】，如图3-3-34所示。

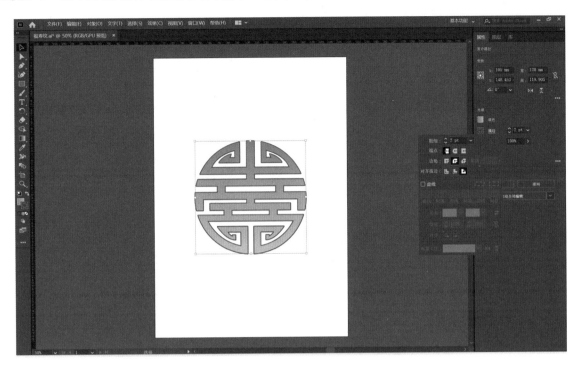

图 3-3-34　设置描边

（33）使用【矩形工具】绘制一个与画布大小相等的矩形，作为背景，并将填充颜色设置为R：234、G：210、B：219，效果如图3-3-35所示。

图 3-3-35　设置背景颜色后的效果

（34）选中矩形并右击，在弹出的快捷菜单中选择【排列】→【置于底层】选项，如图 3-3-36 所示。

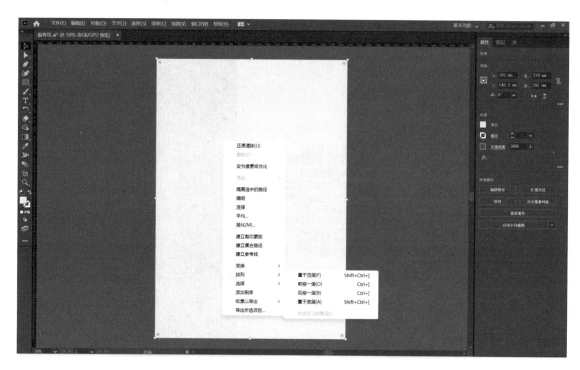

图 3-3-36　选择【排列】→【置于底层】选项

背景制作完成，效果如图 3-3-37 所示。

图 3-3-37　背景制作完成后的效果

　用微课学·Illustrator CC 图形设计与制作

福寿纹最终效果如图 3-3-38 所示。

四、小结

本案例通过绘制福寿纹，加深读者对传统纹样文化的理解与兴趣。

本案例主要使用的工具包括【矩形工具】、【镜像工具】和【路径查找器工具】等。

五、习题：福寿纹葫芦装饰设计

将福寿纹与装饰文创产品相结合，使这一经典传统纹样更大限度地应用于人们的日常生活，让这一美好祈福文化得以延续。福寿纹葫芦装饰设计效果如图 3-3-39 所示。

图 3-3-38 福寿纹最终效果

图 3-3-39 福寿纹葫芦装饰设计效果

反侵权盗版声明

电子工业出版社依法对本作品享有专有出版权。任何未经权利人书面许可，复制、销售或通过信息网络传播本作品的行为；歪曲、篡改、剽窃本作品的行为，均违反《中华人民共和国著作权法》，其行为人应承担相应的民事责任和行政责任，构成犯罪的，将被依法追究刑事责任。

为了维护市场秩序，保护权利人的合法权益，我社将依法查处和打击侵权盗版的单位和个人。欢迎社会各界人士积极举报侵权盗版行为，本社将奖励举报有功人员，并保证举报人的信息不被泄露。

举报电话：（010）88254396；（010）88258888

传　　真：（010）88254397

E-m a i l：dbqq@phei.com.cn

通信地址：北京市万寿路 173 信箱

　　　　　电子工业出版社总编办公室

邮　　编：100036